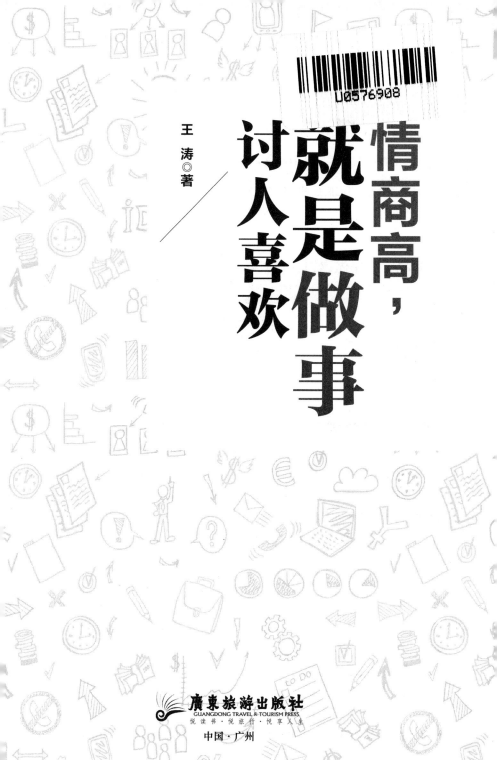

王 涛◎著

# 情商高，就是做事讨人喜欢

广东旅游出版社
GUANGDONG TRAVEL & TOURISM PRESS
悦读书·悦旅行·悦享人生

中国·广州

**图书在版编目（CIP）数据**

情商高，就是做事讨人喜欢 / 王涛著. — 广州：广东旅游出版社，
2018.4（2024.8重印）

ISBN 978-7-5570-1260-1

Ⅰ.①情… Ⅱ.①王… Ⅲ.①情商-通俗读物 Ⅳ.①B842.6-49

中国版本图书馆CIP数据核字（2018）第034372号

....................................................................

情商高，就是做事讨人喜欢

QING SHANG GAO，JIU SHI ZUO SHI TAO REN XI HUAN

| | | |
|---|---|---|
| **出 版 人** | 刘志松 | |
| **责任编辑** | 李 丽 | |
| **责任技编** | 冼志良 | |
| **责任校对** | 李瑞苑 | |

**广东旅游出版社出版发行**

| | | |
|---|---|---|
| **地 址** | 广东省广州市荔湾区沙面北街71号首、二层 | |
| **邮 编** | 510130 | |
| **电 话** | 020-87347732（总编室） 020-87348887（销售热线） | |
| **投稿邮箱** | 2026542779@qq.com | |
| **印 刷** | 三河市腾飞印务有限公司 | |
| | （地址：三河市黄土庄镇小石庄村） | |
| **开 本** | 880毫米×1230毫米 1/32 | |
| **印 张** | 8.5 | |
| **字 数** | 168千 | |
| **版 次** | 2018年4月第1版 | |
| **印 次** | 2024年8月第2次印刷 | |
| **定 价** | 59.80元 | |

- - - - - - - - - - - - - - - - - - - - - - - - - - - - - - - - - - - -

# 序　言

　　一个懂得控制情绪的人，不仅能让自己的情绪得到合理释放，做事过程中也能让身边的人感到相处很舒服。这样的人，必然是拥有高情商的人。这样的人对人情和事情的处理必然有其不一般的地方。

　　我们知道人在世上活，如果要活得好些，就需要讲究"人情"。人是社会关系的总和，人在社会生活中总是要与人打交道的，人与人之间总有这样那样的关系。在现代社会，人与人之间有复杂的利益关系，还有很微妙的各种感情关系，有亲情、爱情、友情、嫉妒之情、敌视之情，等等。人与人相处，如果要相处得好，"知情"是很重要的，只有"知情"方能"达理"，在合情合理的状态下，才算是"人情练达"。而这"知情达理""人情练达"可不是一篇容易写的文章，人的感情是最复杂的，人与人的情感关系是最微妙的，如何在做事的过程中处理好其中的关系，把握好分寸有很多的学问。

很多情商不高的人往往懂"事理"而不懂"世理"，执着坚持事物的合理性，不知道做事的复杂性，认准个"死理"，常常是到处碰壁，甚至撞得头破血流。甚至常常抱着"有理走遍天下"的信念，雄赳赳气昂昂地往前冲，结果，遇事常是剪不断理还乱。也有不少人讲真情，不通人情，直来直去，我行我素，真诚待人却不懂得讲究方式，坦率处事却不知注意策略，做事不像那些高情商的人，能处事波澜不惊、遇事引而不发。还有不少人生活和工作中不少帮别人忙却没一个人说他好，培养了不少敌人在身边；与之相反，那些情商高的人在讲究"事理"时能有些方法，在坚持真理时能用些策略，在真诚待人时能懂些"人情"，做事恰到好处，不仅收获了实利，也赢得了美名。有句话说得好：生容易，活容易，生活不容易。每个人都不得不面对生活，而低情商会给自己带来很多麻烦。

高情商的人知道对方需要什么，知道对方脑子里想的是什么，要想钓到鱼就要像鱼那样思考！你几乎看不见他奔波劳碌，但是在不动声色中他就已经实现了人生目标。他们成功的秘密是什么？其实很简单，做事讨人喜欢而已。只有深谙做事方法的人才能拥有良好的人际关系，从而为职场人生铺平道路。

在这里，我就不向读者朋友们一一列举具体做法了，书中将会有最全面、最详细的讲解，期望这本书能给大家带来启发。

# 目 → 录

## 第1章  高情商者都懂的道理

步入社会，我们要面对复杂的人际关系，不要苛求周围人会让你舒服，因为社会远比你想象的要复杂。想要在社会中游刃有余，如鱼得水地行走，还需要情商高一点，学会做人做事的技巧，这一点很重要。

## 第2章  任何时候，遇事三思

与人交往，最忌讳冲动。歌德曾说："决定一个人的一生，以及整个命运的，只是一瞬间。"往往我们一瞬间的冲动，就会毁了自己的一生，所以在我们与人打交道的时候，不妨多考虑一下后果，做到"遇事休冲动，三思而后行"，做足人情，许多事情往往就会有转机。

## 第3章 适时地保留意见

　　天真的人"心口如一"，想什么马上就要表达出来。让人一碗水看到底之后，你的能力和智慧就会受到怀疑。不要让人把你看得太透彻，你为人处世越低调，就越能自如地行走于社会。适时地保留意见才是不败的绝招。

# 第 4 章　左右逢源有技巧

左右逢源是生活中自在其乐的"法宝"，是商场中打开财富之门的"金钥匙"。具备左右逢源的技巧，你的事业将会一帆风顺，人生将会更加丰富多彩。

# 第 5 章　做好关于面子的文章

在人与人的交往中，有些面子不得不给，有些面子不得不要。丢了面子会有损颜面和尊严，给人面子就是尊敬和敬重对方。

## 第6章 礼尚往来有讲究

送礼是表情达意的一种沟通方式，自古以来不管人们承认不承认、喜欢不喜欢，送礼都是和办事密不可分的。送小礼者办小事，送大礼者办大事，这也算是一个定律。用礼物作为纽带来搭建人与人之间的交往平台，也是人际交往中不可缺少的一课。

## 第7章 别让不懂拒绝害了你

生活中很多人抹不开面子，明明知道自己很难办到的事硬是撑着，结果是使自己受累，对方也往往会感到尴尬。在这个时候我们要巧言说不，分寸掌握得当，即使是拒绝也要赢得对方的理解和体谅。

# 第8章　疏通你的社交渠道

人际交往的拓展，会给你带来更多财富。人情建立在社交基础上，你需要给自己社交渠道的疏通进行一个良好的定位与规划。

# 第9章　求人办事的策略

　　一个人的能力有限，求人办事在所难免，但如何求人却是一门大学问。有些人求人办事到处逢源，难事不难办，事事顺心，而有些人办事则是屡受挫折，小事也办不成，事事不如意，这里边的关键在于你是否会做足被求者的人情，让他人心甘情愿地为你办事。因此，求人办事必须学会并懂得人情世故，要在各方面做足对方的人情。

# 第 10 章　赢得机会的策略

机会不是等来的，而是自己主动争取得来的。为了使自己能够拥有远大前程，抓住机会是首要方法，而做足人情又是赢得机会的必胜策略。怎样能不错失良机，把不可能变为可能，还需要在人情上多做文章。

# 第 *1* 章

## 高情商者都懂的道理

　　步入社会，我们要面对复杂的人际关系，不要苛求周围人会让你舒服，因为社会远比你想象的要复杂。想要在社会中游刃有余，如鱼得水地行走，还需要情商高一点，学会做人做事的技巧，这一点很重要。

## 别把自己太当回事

很多人初入职场都会犯一个致命性的错误，那就是总把自己作为中心，认为一切人、事、物都得围着自己转，工作中稍有不满意就会耍脾气。满怀激情地入世却背负着严酷的教训走回家中，天真地以为可以大显身手，再也不用向父母伸手要钱了，可最终还是逃避不了现实的教训。步入职场，你就不再是个孩子了，要用成年人的思维冷静地面对你所遇到的每件事，只有经历过磨砺才能适应社会。

刚毕业的大学生王丹应聘做公司的文员刚 3 个月，眼看着为期 3 个月的试用期要结束了，结果却被公司通知不予录用。在王丹问人事经理自己被炒的原因时，她被告知："工作中太爱撒娇，不够负责任，缺乏职业精神，过于孩子气。"由于王丹的幼稚，结果被公司拒之千里之外。幼稚、天真、孩子气有时是一种好事，但是当你把这些都带入工作中，却不是青春活力的象征了，相反，在成年人身上，它是一种负面的性格，通常被描述为任性、耍小脾气、变脸像小孩一样快、心理承受力差、好高骛远、不懂交往礼仪，甚至有些无理取闹。只要踏入社会，其他人和你处事就会按照成人的标准来要求你。此时，这种性格当然是不被认可的，这是年轻人刚入社会的一个大毛病，这个问题会阻碍年轻人以后的发展，因此这是让年轻人感觉痛苦的主要原因。因此，初入职场的你切忌一意孤行，以自己为中心，要知道在社会中没有人会像父母一样庇护你，只有让自己成熟起来，用冷静、客观的心态对待工作，才能在职场中取得一番成绩。

李华毕业后在一家广告公司工作。对于这份工作，她开始还很有激情，可是前段时间发生的一件事让她对工作烦透了。李华嘴很甜，上司开始的时候很喜欢她，在上班时间她喜欢和其他女孩一起叽叽喳喳，上司也很少批评她。但是在工作时间闲聊肯定会影响工作，而且李华对工作没有什么时间观念，她完成任务总是比别人晚。一天开会的时候，上司说了她两句，没想到，她当场就委屈地哭起来。上司劝也不是，不劝也不是，只好尴尬地愣在那。同事哄了她半天，她情绪才好一点儿。经过这次事件，上司不再批评她了，但是大家好像都躲着她。而且每次谁和她说话时间有些长，都会有同事提醒："别打扰她了，让她好好工作吧。"简直把她当成小孩子一样，连哄带骗的。她想，再这样下去恐怕心爱的工作就要对自己说再见了。在工作中，困难是不能避免的，关键是看你以什么样的心态去面对，遇到问题就像小孩子一样哭闹，是一种极度可笑的做法。

小波是研究生，在学校是出了名的才子，但是开始工作后，他觉得自己不"受宠"了。他的工作无非是接打电话、收发邮件等。

在他看来，这种工作初中生都能做，何必浪费他的时间。而且和他一个部门的人很多只是大专学历，虽然他很有才华，但在工作中并没有显示出自己的优势，这让他感觉很不平衡。当他和老板提出这个问题时，老板告诉他，新人就应该从基层做起，这样才能充分了解公司的运营情况，熟悉公司的业务，而且这也是考察新人的一种手段。

许多年轻人在走入社会之前，都会产生一些美好的幻想，对自己的未来期望过高。要知道刚进入社会就拥有高于他人的地位，这种想法太不现实，而且也没有人喜欢好高骛远的人。当他们按照自己的幻想对比现实时，又多数会有一种失落感，觉得生活不如意，工作也不顺心，而他们又很自然地以各种形式把这种不顺心表达出来。然而他们忘记了，社会不是家庭，自己不再是家中的太阳，这样的年轻人在社会里势必受挫。

## ▌人际交往真的很重要 ▌

一个人在社会上生存，人际关系是必不可少的。良好的人际关系，可以使你更轻松地进行社会活动、人际交往以及办理各种事务。现代社会可以说是瞬息万变的，下一秒将会遇到什么事情谁都不知道，说不定什么时候机遇或厄运就会降临到自己身上。

5

人们常说："在家靠父母，出门靠朋友。"这句话很有道理，多个朋友就多一条路，多一个选择，你成功的可能性也就越大。不管是机遇还是厄运，有朋友的帮忙总是好事。

有人说："朋友也要看是什么样的朋友，没有利益冲突还好，一旦只剩下竞争和敌人，就没有朋友了。"这话乍听起来好像有几分道理，事实上如果真的照做的话，则只会让我们处处碰壁。

精明的温州人说："一个好汉三个帮，广结朋友等于给自己的发展编织网络。今天的竞争对手，明天也许就是合作伙伴，所以我们只管结交朋友，而不是一有利益分歧时先想到和朋友翻脸。"

再强大的人都是需要别人来帮助的。也许你今天很强、很能干，可是人总会遇到自身能力无法克服、无法解决，必须借助外界力量帮助的情况。可能帮助你的人或者被你帮助的人平时不一定是你最认可的人，可他却是你最需要的人。人是最大的资源，无论做什么事情都有人的因素。失去金钱，你能重新积累，甚至是一夜暴富；而失去朋友，则没有从头再来的机会了。

精明的温州人十分重视人际关系，他们时时处处都在为自己发展人脉网络。

《温州日报》曾经报道了一件怪事：一些温州人居然在当地媒体上说要开门收徒，传授他人创业经营之道。

原来，一个下岗工人想学做鞋类的生意，希望自己能够在经营上学到一些经验。于是就向宜昌温州商会求助，希望有人愿意收他做徒弟。后来有几位商人都答应了这个要求。温州商人要收徒的事经当地媒体报道，一石激起千层浪，很多宜昌人都想拜温州商人为师。

宜昌政府对此十分支持，因为在宜昌的 1 万多温州人在自己的行业内都做得非常不错。有政府出面支持，很多温州商人都纷纷招起徒弟，甘愿传授经商之道。

陈铄荣是第一个在媒体上亮相招收徒弟的温州商人。他说，收徒弟不是找打工的人，也不是招生意合伙人，而是要真心传授他的经商之道，把温州人的观念植入宜昌人的头脑中。如果能借此带动当地市场经济的繁荣，那是最好不过的。假如徒弟们学得好，不出两年时间，徒弟们就有能力独立经营一个店了。第一位被温州商人招为徒弟的李君阳在温州老板的带领下，学习了很多经商之道。他对温州老板做事的快节奏和对客户的诚信度感触颇深。

虽然很多人认为温州商人收的徒弟在学成后，他们就成了竞争对手，对温州商人来说这甚至可以说是构成一种威胁，可是精明的温州商人却不这么认为，他们说："多个朋友是好事。假如可以培养一些相关的人员，建立合作同盟的关系，这也不失为一种经商的好策略。"

真正精明的人不但重视人际关系，甚至连竞争对手都敢培养，试想，即使这类竞争对手真成了事，靠的也是良性竞争，而非要什么手段。而且即使双方真竞争到桌面上，又有几个不对前辈礼让的呢？一个人的力量毕竟是有限的，哪怕有三头六臂，又办得了多少事？要成大事，要靠和衷共济。除了朋友，你几乎可以一无所有。

人际关系在社会生活中起着非常重要的作用，可是年轻人往往因初入社会，并不善于处理人际关系。很多年轻人说在社会上过日子很累，其实累就累在"人际"上，有些年轻人甚至对"人际"畏惧三分。这种畏惧心理很可能是多年积累的结果，虽然很难在短时间内改变，可是你还应鼓足勇气，以积极的态度去面对别人。平时多观察别人是如何交流和沟通的，然后你至少可以学着他们的样子谈论一些让别人感兴趣的话题。不要认为这是讨好别人的表现。事实上，如果是你一个人的时候，你孤傲也好，清高也罢，喜欢独处是你自己的事情，别人无权干涉你。可是在人群中，你不得不和别人打交道。所以你必须学会改变自己，尝试主动和别人多交流沟通，最大限度地求同存异，尽可能拥有一个良好的人际关系网。这样不但有利于提高你的好人缘，也有利于你个人的才能得到尽情的发挥。做到和别人打成一片并不难，只要你表现得足够真诚、友善，适时地帮助别人。

还有的年轻人认为，对人际关系网进行投资是一种浪费。这种想法是极端错误的，谁能一辈子不求人或被求呢？如果没有一张人际关系网，在你需要帮助的时候，谁会站出来帮助你呢？而人际关系网是需要你用心去呵护的。所以平时你应该注意自己的言行，要处处结友，而不是在无意中为自己树立敌人，这无疑是在阻碍自己的前途。以下是怎样"结网"的几个秘诀。

（1）乐于助人。这是和人交往时很容易做到且能够得到别人好感的方法。在自己力所能及的情况下，为身边的人解决一些小问题，你会在不知不觉中就和大家融在一起。也许这时你会惊喜地发现"团结就是力量"的真理。

（2）主动、诚心相助。俗话说："有付出才有回报，天下没有免费的午餐。"与其等着别人来帮助自己，不如先主动去帮助他人，这样在你需要帮助的时候，贵人才有可能出现。要拿朋友的事情当成自己的事情，在你需要帮助的时候，朋友才会拿你的事情当成自己的事情。没有人帮忙和支持，即使有天大的本事，遇到困难有时还是过不去那个坎的。

（3）不要和朋友失去联络。不要等到需要帮助时才想起和朋友联络，这种"突击型选手"往往是很容易惹人讨厌的。因为你平时没有和朋友保持联络，现在有事了，才提前预热一把，会让人觉得你很势利。当你半年都没有与一个朋友联络的时候，你很可能就要失去他了。所以平时多和朋友联络，多打几个电话，不仅可以维系旧情谊，还可以扩张自己的"情面"。当然，联络也要选好时机，有些人是"大忙人"，白天打电话给他，他在开会，晚上他又在应酬，太晚了当然不妥，所以挑傍晚打是比较合适的时机，刚好是这类工作狂下班后晚饭前的时间，这也算是见缝插针吧。

（4）记录"关系"进展情况。如果你的人际关系网足够大，那么就要像记日记一样记下别人的姓名和联系方式以及你对他的看法和日后的联络之道，这样才能在需要帮助的时候找到最能帮助你的那个人。

（5）不要急于求成。做推销的之所以让人觉得讨厌，因为他希望你在非常短的时间内买下他的东西。拓展人际关系也是这样，假如盲目地向前冲，别人一下子就会看出你"不择手段"，所以只会离你越来越远。记住：织网是个长线的工作。

人际关系说复杂就复杂，说简单也简单。其实处理人际关系很简单，那就是努力搭建好人际关系的桥梁。21 世纪是一个团队合作的世纪。要是你的朋友足够多，你办事就会顺心很多。

## 没有付出就不会有回报

"将欲废之，必固举之；将欲取之，必固予之。"这句话出自《道德经》第 36 章，后半句的意思是：想要夺取它，必须暂时给予它，没有付出，就不会有回报。这也可以用在生活和工作中，也就是我们所说的，互惠互利。

玲珑是海南人，她是个心思很活的姑娘，上了两年班后，就自己经营了一家鲁菜馆。刚开始的时候，来店里的客人不是很多，玲珑在上街时无意中发现，很多来本地观光的游客常常在买完东西后问老板餐厅在哪儿。于是玲珑找到一家看上去生意不错的服装店，跟老板商量，想让老板在游客来时推荐她的餐馆。

老板似笑非笑地看了看玲珑，玲珑马上明白了老板的意思，毕竟两个人根本谈不上认识，无论在哪方面都不该有交集，人家自然没有必要白白帮忙。于是玲珑立刻对老板说："当然，您看您的衣服都这么时尚，我也会极力向客人推荐您的服装店的，相信这样一来，我们两家的生意都会更好的。"老板想了想，答应了玲珑的要求，两家店互换了名片。

一次，有位游客来海南旅游，逛到这家服装店时，他感觉到有点饿了，于是问老板："除了这条街以外，附近有哪个饭馆的菜好吃呢？"

虽然游客并没有买他的东西，但老板仍然热情地告诉游客："过了这条街，有个蓝天鲁菜馆。不远，差不多走 10 分钟路就到了，而且那里是全城最好吃的鲁菜馆。"当游客抵达时，餐厅里挤满了人。可是，服务员还是为他找到一张不错的桌子，这位游客在那里消费了 100 元。

当这位游客用完餐结账时，服务小姐热情地对他说："先生，谢谢您的光临。难得来一次这里，如果您想带一套衣服回去送给您的女朋友，我推荐您去这家服装店，它可是全城最物美价廉的时装店，这是他们的卡片。"说完，服务员就递给游客一张名片。后来游客才发现，服务员说的这家服装店就是自己刚走出来的那家。事实上，当然有些人不会去，但一定会有人因为服务员介绍了就去光顾的。这样一来，两家店的生意都非常好了。

一代"红顶商人"胡雪岩曾经说过："在商言商，人生是一场交易，只有盈利或亏本，没有其他东西存在。"事实上，并不只是生意人如此，朋友间也是如此，在替人做一件事情前，谁不会掂量一下自己将要得到的好处呢？只不过朋友之间可能没有那么赤裸裸地说出来罢了。有人说，中国人凡事都讲感情，其实，这是不对的。中国人是讲人际关系，并不是说为了感情就不顾其他了，精于处世的人知道一个道理：感情之中也是有所计较的。

每种人际关系其实都是一场交易，只不过交易的东西不同而已，有的人是以感情交换感情的，而有的人则是以利益交换利益的。不管是哪种交易，大家都是在乎好处的，不可能说我帮了你，既不求报答、不求结交你这个朋友，也不求心理上的满足，这世上没有无缘无故的爱。人们在做每件事时，在潜意识中都是有所图的。毕竟，人际交往讲究的是互惠互利。有句话说：帮助他人其实是在自己的人情信用卡中储蓄，特别是在他人患难之时伸出援手。救落难英雄于困顿，一旦对方翻身之后，他必定会回报你的。如果你认同这句话，又岂能说自己无所图？

人际关系心理学家指出：互惠互利是人们交往的基本原则。互惠互利原则，既是指物质方面的，也是指精神方面的。因为很多人受传统观念的影响，在交往时喜欢谈人情，而忌讳谈功利。实际上，人和人之间的交往需求是多层次的。它可以粗略地分成两个基本层次：一个层次是以情感定向的人际交往，像亲情、友情和爱情等感情；另一个层次是以功利定向的，指为了实现某种功利目的而进行的交往。也就是说，在人们的交往过程中，有时是为了满足物质需要，有时则是为了满足精神需要，但人们最初的动机还是希望从交往对象那儿得到自己需求的精神上的或物质上的满足。按照人际交往互惠互利原则，建立良好的人际关系应采取的策略是既要感情，也要功利，不然人际交往极有可能中断。

有些年轻人经常抱怨别人不够意思，不讲交情。事实上，这种抱怨也是因为别人没有满足自己的某种要求所致。所以，一味追求所谓的"没有任何功利色彩的友谊"是非常不现实的，我们大可不必轻率地抱怨别人"不够意思"，因为互惠互利是人际交往的一个基本原则。如果你想在交往中得到帮助，要本着这条基本原则，在交往中积极付出，这样才能满足交往对象的需要，毕竟在你衡量别人付出的时候，别人也在衡量你的付出。就像一句古话说的"将欲取之，必固予之"，只有这样才能交到对我们有帮助的朋友。

正所谓"送人玫瑰，手有余香"，这一点在社会中表现得很明显。也许有人帮了我们，图的就是余香，这就是"好处"所在。所以在接受帮助或者请人帮忙时，不要忘记给人一些互惠的承诺，让对方知道，你是值得帮助的。"怎么去就怎么回来"，这是待人接物亘古不变的道理。

# 让人感受到你的善意

《孟子·公孙丑上》："取诸人以为善，是与人为善者也。故君子莫大乎与人为善。"这是与人为善的出处。从今天看来，与人为善有了新的含义，即用宽容的胸怀去容纳别人，用善良的心灵去对待别人，用真切的行动去帮助别人。善，并不是简单意义上的单纯、善良，而是一个人内心的宽容，思想上的博爱，与人与物的积极态度。为善，是一种人生态度，亦是一种人生哲学。不管是初涉世的年轻人，还是已经进入社会一段时间的人，往往都觉得人际关系难处，处处都要小心翼翼。其实，这很大一部分都是因为周围并非都是同龄人的缘故。因为年龄与文化背景等都不同，大家要在一起共事多多少少都会存在一些问题——可以说这是一种社会代沟。想改变这种状况其实并不难。

小敏毕业两年，工作稳定，收入也不错。但是她最苦恼的就是身边没有朋友，没有可以交流的人。小敏的男朋友在外地工作，父母也不在身边，她的生活每天就只有上班和下班，每当她回到自己的房子时，心中都会被无边的孤独感包围。

为什么会这样呢？原来，小敏有些内向，在单位除了工作她很少和别人聊天，下班后大家有什么聚会之类的娱乐活动也都不怎么找她。有时即使找她，她也是一副没兴趣的样子，因为对那些所谓的娱乐活动，虽然她不讨厌，但也说不上喜欢。回到家后，她除了看电视，就是上网、看书，遇到邻居也很少打招呼，她感觉自己都要患抑郁症了。

意识到问题的严重性，小敏开始刻意调整自己。她开始观察周围的社交老手都是怎么做的。她发现，那些受人欢迎的人给人的感觉非常好，让人莫名地想亲近他们。后来她想明白了，这就是所谓的"亲和力"，这些人时时能让人感受到他们的善意。毕竟，谁都想和一个于自己无害又有亲和力的人在一起。后来，小敏试着照她观察的人们那样做。她开始对不太熟悉的人微笑，开始主动和人打招呼，开始融入同事和朋友的娱乐中，而不再表现出一副不食人间烟火的模样。这样一来，不仅她整个人都有活力了，而且人际关系也得到了大大的改善。

在如今这个竞争激烈，已经进入速食时代的社会，有多少人会在日常生活中顾及对他人是否怀有善意？又有多少人会刻意让人感受到自己的善意？现实中，我们经常见到人和人在交往过程中因为彼此之间的戒备和警惕使得本不太熟的人变成"敌人"，本来的朋友成了陌生人。人们都不愿看到人与人之间相处是冷冰冰的，这种关系让人感觉不到人和人之间的友情，也感觉不到社会的温暖。人们是需要爱的，这种爱让人们彼此都能怀着善意的心，它让人们彼此消除隔膜，能够友好相处。当你把自己的善意表达出来，并让别人感受到时，你便成了受欢迎的人，这样于人于己都是有好处的。

一天，王先生一家到餐厅用餐。由于是周末，来餐厅用餐的人非常多，菜上得也相对慢很多，王先生一家人点的餐直到别人都要吃完了还没有送来。王先生的妻子让他去催一下，但王先生并没那么做，因为人确实很多，王先生觉得一定是因为餐厅没忙过来，而不是忘记了他们的存在。后来，又等了十多分钟，王先生向服务员确定了一下是否忘记给他们上菜了。没过一会儿，老板亲自带着大厨来向王先生道歉。此时，王先生并没有因为自己点的餐一直没有送来而责备和为难老板，而是表示谅解餐厅现在忙的情况。

在王先生一家吃完饭结账的时候，老板因为王先生的客气不但给他们的餐费打了 7 折，而且还免费送给王先生一张贵宾卡，这样的结果是谁都没有想到的。

这个故事如果发生在你身上，你能做到自己点的餐迟迟不上，还能理解商家的难处吗？一般情况下，人们都会因为上餐太迟而向服务员发难，而老板则会以各种理由为自己上餐迟开脱，而不是亲自道歉。这都是因为大家对彼此缺少了宽容，缺少了体谅，缺少了善待别人的心。在上面这个故事中，双方都是善意的，而且都让对方感受到了善意。不用多说，王先生一定会成为这家店的忠实客户，而王先生也一定能在下次光顾时得到优待。

永远不要等到别人微笑才开始面带善意，假如我们对待别人多一分善意，多一分宽容，那么我们将收到的不仅仅是对方给予自己的善意，也许还能收获到许多自己意料之外的东西。当然，我们在付出善意的时候，不该期望着让别人回报自己什么，但我们的善意换来的回报终会为我们带来"意外惊喜"。

那么，该如何让他人感受到我们的善意呢？

（1）理解和沟通。假如不理解别人的行为，也拒绝与人沟通，那么即使我们本是善意的，我们所表现出来的善意也未必合对方的心意，别人不仅可能感受不到，还有可能弄巧成拙。所以假如我们想让人感受到善意，就应细心观察体会对方的言行，平时多了解他人的情况，了解越多就越能理解对方，知道其需要的是哪种善意。

（2）心态平和，与人为善。微笑是表达善意的不二法宝，即使在表达中出现不同见解，也应该求同存异，不能因为小事而争得面红耳赤。

（3）尊重前辈，关注后来者。一般来说，社会中的老字辈可以用自己的经验来关心指导初来乍到的人，帮你尽快熟悉环境，融入团队中去。但是在接受过帮助之后不要忘了，面对后来者你也是老江湖，也应该用同样的方法对待后辈。

（4）不要拿豆包不当干粮。鸡鸣狗盗之徒尚有助人成功的先例，所以我们的善意不该因人而异，不要因为看着谁貌似实力不强就不予理睬。

# 要学会接受"人情债"

年轻人初入社会，常用"钱债好还，人情债难还""人情紧过债"来勉励自己，以让自己清者自清，怕在心理上欠了他人的人情比欠钱的负担还要重。的确，因为欠钱好算也好还，但是欠人情不好算，也不好还。可是也不能因为这样就与所有人断了来往，断了接受帮助或者帮助他人的想法，这样做只会让自己偏离社会。

俗话说："孤掌难鸣。"一个涉足社会生活的人，一定会有寻求他人帮助的时候，也有借他人之力方便自己的时候，不管这个人的能力大小，不过，如果对方大多都是不太熟悉的人或是关系很一般的人，他们大多不能实际地帮助你。"他人"中只有一种人能够实际地帮助你，这种人通常都是与你感情上有牵扯的人，也就是你的人脉网。

有人问："一只年老的蜘蛛和一只年老的青蛙有什么区别？"这个问题的答案是：年老的蜘蛛能舒舒服服地趴在网上，有东西撞上来时可以饱餐一顿，而年老的青蛙则因腿脚不灵便，没办法再像从前一样跳着捉虫子。可怜的青蛙因为仅发挥了个人的力量，所以生活得艰辛；而蜘蛛除了发挥个人的力量之外，更懂得用外延力量，所以生活轻松。假如不能像蜘蛛一样有一张庞大结实的人脉网，一旦你要找人帮忙时，极有可能发现自己是个孤家寡人。如果你的人脉网够大，哪怕朋友帮不上忙，朋友的朋友或许也会帮你的忙。

记住，在社会中你不可能做到万事不求人，求人与被求是交际的常态。假如本着不求别人也不帮别人的想法去为人处世，是很难在社会中生存下去的。所以我们应该学会接受"人情债"，不管我们是施者还是受者。

其实，在社会中的难题归根结底就是和人打交道。人情的投资就是人脉的建立，人脉是一个人发展的关键。尤其是刚进入社会的年轻人，如果在人情方面投资得多，那么这个人一定给人以讲义气、够朋友的感觉。如果他把金钱或利益看得比一切都重要的话，别人对他的印象也只能停留在唯利是图的层面上。在很多人眼中，这样的人只和钱关系好，眼里只认得金钱和利益。试想，谁愿意和这样的人做朋友呢？即使和他打交道，也只是表面上的往来。

人情投资其实比利益更重要。人情投资，才是江湖中人的命脉所在。朋友有困难的时候，帮忙非常必要，即使这个朋友和你的关系不是很近，只要有能力还是要帮一把，在人落难时帮助别人无疑是人情投资的最佳时刻。人情投资做得好，社会关系自然就很顺了。如果我们选择目光短浅地只看眼前的利益，不会做人情投资，那么在需要帮助的时候，自然也不会有人对我们"投资"了。

马明因为家里有事，急需用钱。他在半夜里打电话给朋友说他想借1万元急用。结果他一连给四五个朋友打了电话，都没有把钱借到。事实上，马明清楚这些朋友并不是手头没有闲钱，只是嘴上说钱都借给别人了。他在感叹人情薄如纸的时候，也为自己以前的行为感到后悔了。

其实，一个人在危难的关头，没有人肯出手相助，并不真的都是因为世态炎凉，也可能是这个人本身有问题。实际上马明是个非常理智、聪明的人，他认为和朋友们牵扯过多会让朋友沾自己的光，他不愿意白白帮助别人。当然，他也从不接受朋友善意的帮助，认为这样会欠人家情，怕朋友以后以"人情债"找他帮忙。

有一次，一个朋友家中接到拆迁的通知。这个人全家四口人挤在一间不足40平方米的小房子里。按照规定，一旦拆迁，就能住到80多平方米的新房里。负责这个房产项目的人正巧是马明的熟人，于是朋友就托马明帮忙，看能不能提前交上些钱，换一所面积大点的房子。

马明听了朋友的想法以后，满口答应朋友说一定会帮这个忙的。可是，他自己在心里一合计，觉得现在的房价非常高，帮这样的忙自己划不来。毕竟自己和这个朋友之间没有过多的来往，现在更没有必要再花代价去搭这个人情。况且，自己跟熟人去说，岂不是欠了人家更多的"债"？于是，马明又以各种理由回绝了朋友。

现在，马明有急事了。在求助无门之后，他听说这个朋友现在赚钱了，无奈之下就想找他借些钱。于是他打电话约这位朋友吃饭。朋友当然也知道马明家里有急事，并且找其他朋友借钱未果，于是立刻借钱给他。马明对这个朋友非常感激，并且对自己以前的行为充满歉意。

事实上，很多人都曾因为不肯帮助别人而在求助于人时吃了闭门羹，眼睁睁地看着自己走下坡路。做人何必如此，能帮人时且帮人岂不更好？就如同马明的朋友，下次如果他再落难求助于马明时，马明怎么可能不帮？所以无论是施与受，帮助别人都不会吃亏。有些年轻人认为社会是个利益场，在没有利益关系的时候，人情的投资是没必要的，但事实往往告诉人们并非如此。

"人情债"既然是债，我们自然不能忘记。比如不要把别人曾经的帮助抛之脑后，否则会落得"白眼狼"的称谓。在生活中，我们要树立这种观念："有能力时多帮助别人，需要帮助时就求助，但至少不能随便接受他人的帮助。"以这种态度与别人交往，我们的心中才能坦荡、踏实。


## 与其抱怨不如累积资本

一块砖头有立起来的可能，可是一坨泥巴无论怎样也站不起来。人也是一样，自己有自立的愿望和资本，别人对你的帮助才有作用，不然一切都是白搭。而这一切的前提是，不要让别人觉得你一无是处。

许多初入社会的年轻人都在抱怨，自己在社会上没有用武之地，在大学校园里的佼佼者出来就默默无闻了，朋友不好相处、公司环境不好、工资太低……于是整日哀叹命运不公，满嘴牢骚却不思进取。然而他们忘记了，如果自己连一点让人看中的资本都没有，别人怎么会对自己感兴趣呢？与其那么多抱怨不如改变，因为抱怨只是一种情绪的发泄，于事无补，不停地抱怨，只能放大原来的烦恼。抱怨的人总会把厄运或责任推到命运或者其他人身上，却从未想过让自己拥有改变厄运的资本。自己没有资本，别人是不会对你感兴趣的，如果有时间去抱怨，还不如抓紧时间来提升自己的能力，只有这样别人才会重视你。

一位总埋怨得不到老板重用的职员对朋友抱怨老板的不公正，决定愤然离开公司。朋友就问他："如果你离开公司将会对老板有多大影响？"职员说："没有影响，老板根本不重视我。"朋友故意说："你就这样离开公司，也太便宜了老板。倒不如这样，你继续在公司干下去，并尽可能多地掌握公司的技术和业务等各方面的信息，等到你掌握得差不多的时候，你再向老板提出辞职，这时公司的损失就大了。"这位职员觉得朋友提出的建议很有道理，就听从了朋友的建议，留了下来，并私下学习了很多东西。过了很长一段时间，一天朋友遇见他，问起他现在在哪里工作，他说还在原来的公司。朋友奇怪地问道："难道这么长时间了你还没有完全熟悉公司的业务吗？"这位职员回答："你说的恰恰相反，我尽最大的努力掌握公司的技术和熟悉公司各方面的业务，可问题是老板他已经给我升职加薪了。"朋友听后哈哈大笑。

这个人最终没有离开，主要是因为不再抱怨和发牢骚，而是把精力放在提升自己上。当人们只会抱怨，却不是积极地投资自己、提升能力时，本身的资本也就退化了。而当你不再给自己充电的时候，很可能过不了多久就有人来替你站岗了。另外，除了有资本之外，还要想办法让别人看到我们的资本，现在好"酒"太多，巷子太深毕竟不是件好事。

赵先生在合资公司做白领，觉得始终没有为自己的满腔抱负赢得机会，始终没有得到上级的赏识。他经常想：如果有一天能见到老总，在老总面前有机会展示一下自己的才干就好了！赵先生的同事李先生也有同样的想法，但他做的更多一些。他去打听老总上下班的时间，算好他大概会在几点几分进入电梯，然后他也跟上去，希望在电梯里能够遇到老总，可以有机会打个招呼，加深自己在老总心中的印象。他们的同事马先生则比李先生又进一步。他做了更多的功课，详细地了解到老总的奋斗历程，他弄清了老总是从哪个学校毕业的，老总日常交往的人际风格，老总日常关心的大大小小的问题，还特别细心地设计了几句简单却有分量的开场白。在算好的时间里去乘坐电梯的时候，在跟老总打过几次招呼套近乎后，终于在一天有了跟老总长谈的机会，这次的长谈让老总认识到马先生的能力，不久之后马先生被升职了。

如果你感觉现在工作得并不快乐，而且觉得上司或老板无视你的辛苦，问题很可能在于你不够精明。你努力工作了，并不代表为公司创造效益了。如果你仅仅是在职场上做一个"苦力"，那么你加薪和升职的可能性就太小了。一个聪明人不仅要努力工作，还要把能力体现在明处，这样才能让自己在职场中行走自如。

事实证明，别人越是关注你，你成功的机会就越大。当然，我们所说的优势并不仅指"硬件"上的优势。学历、技能固然是一种本事，可是它也不能成为唯一被人关注的焦点，比起社交中的其他方面，学历等硬件有时甚至是微不足道的。

比如在聚会中，谈吐文雅和风趣幽默的人远比学历高的人容易被他人关注，善于交际的人远比空有技能的人拥有好人缘和成功的本钱。最现实的例子就是许多高学历、高能力的人却脱不开打工者的身份，而很多当老板的人则可能只有小学文化，所以说学识渊博或者能言善辩并不一定就是"资本"，它也不一定会让你成为一个受欢迎的人。这些所谓的"资本"都只是硬件而已，我们所说的资本是能为自己带来好处的资本。

在人际交往中，他人喜欢或者憎厌你的感情，是由你的品位、社交水平和为人处世的方法所决定的，同时它也能决定你事业的成败。所以，在人际交往中想拥有被人关注的资本，就要陶冶和约束个人的品性与修养。这样才能有效地赢得别人的好感，避免惹人生厌。

比如，谦虚、自律、不争强好胜就是一种吸引别人的方法。

初入社会的年轻人往往盛气凌人。年轻人接受新知识、新观念快，富有开拓创新精神，这的确是一种难得的优势。可是如果把这种优势当成资本，误作为追求名利、哗众取宠、恃才傲物的资本，就很容易走入狂妄自大、争强好胜的误区。这种高估自己，不可一世的态度是非常惹人厌的。

在社交场合，不管你的知识多么丰富，口才多么犀利，都应该时刻以谦恭的态度严格约束自己，这样个人的威信和形象不但不会受到影响，反而会让你拥有好人缘。

当然你要清楚自己的资本究竟有多少筹码，与换来的关注成不成正比。如果经过再三衡量，你根本没有吸引他人的"资本"，却受到别人的尊重和关注，也要明白自己为什么会受到尊重和重视，别人对你的关注和看重极有可能是冲着你父母的面子和地位。所以，此时还是要以提升自己的"资本"为主，以免落得个狐假虎威的名声。

## 不要试图让社会来适应你

刚走向社会的大学生不大愿意去适应这个复杂的、充满各色人等的社会。但现在的社会竞争激烈，不去适应就注定会被淘汰，社会就是这么现实，你不会适应，但要学着去适应，因为你是社会中的人，和社会打交道，是早晚的事，这是无法逃避的，也不可能改变的。

玲玲在大学时主修新闻专业，不过这并不是她最初的梦想，只是调剂录取的结果。她真正想学的是金融专业。毕业后，为了专业对口，她进了一家报社。但是，她仍然不喜欢自己的专业和现在的工作，每天四处奔波采访、写稿子让她头痛不已。虽然她工作起来也算尽职尽责，但厌倦工作的心理让她觉得自己快要崩溃了。受所学专业的限制，她又想不出自己还能做些什么。经常处于厌职情绪中的她工作动力自然不足，所以发稿量也有所下降，收入自然不如其他同事高。生活的压力和精神的压力让她感到心力交瘁。

我们每个人都是独一无二的，都有自己的个性，但也正是因为这样让我们产生一种错误的想法：为什么我要去主动适应别人、适应环境、适应社会？

社会是一个大环境，而我们只是其中的一个主体部分。社会的力量非常大，大到我们根本就不能让它对我们有一点儿让步，所以要么我们去适应这个社会，要么被它淘汰。让社会改变去适应某个人可以说是不可能的，除非你先适应它，才有可能改变它，但这绝对不是在你初入社会时就能做到的，更不是抱着让社会适应你的想法时可能做到的。许多年轻人雄姿英发，刚进入社会就扬言要改变社会，改变所处环境的规则，可是最终的结果往往是在灰头土脸之后，不得不被社会改造。

如果最终的结果是被改造，还不如自己先适应社会。主动适应和被动适应最大的区别在于前者有可能真的改变社会，而后者却没有这样的机会。先改变自己是一种最好的适应，犹如千万年前的动物，因为适应改变，最终存活下来。

一个人不可能去改变社会，如同动植物不能改变自然环境一样，只有通过进化去慢慢适应。如今的社会之所以能继续下去，就是因为它得到了大多数人的认可。我们应该适应社会的积极面，抵制其消极面。在我们有了一定的能力之后，才有可能带动身边的人改变自己所处的环境。

如果想很好地适应社会环境，我们先要改变自己，去适应环境的需要，其次才是慢慢改造环境，使环境一点点理想化。年轻人一定要从实际出发，正确认识客观环境的现实，不逃避现实也不做无根据的幻想，把自己置身于社会环境中，从了解它到掌握它，最后才是改造它。当然，想让社会适应自己其实也属于一种积极的态度，但我们要做的不是消极地等待，而是先"打入敌人内部"，从改造自身开始，这样才能既不想入非非，又不自暴自弃，找到改变环境的方法。

李明脾气不太好，有什么不快他都喜欢说出来，本来以为自己是快人快语，结果却让朋友和同事都远离自己。在单位，他对公司的制度有些不满意，于是整天牢骚满腹；在朋友堆里，他看不惯一些朋友情愿选择违心的恭维，而放弃了自己想说的和想做的，除了厌恶这样的朋友外，他说出了大家想说而没有说出的话，想做而没有做的事。但是到最后他发现，只有他一个人在为让世界变得真诚、美好而"战斗"，别人似乎早就放弃了自己的想法站到了良心天平的另一方。

李明对此有些哭笑不得，经过几年处处碰壁的生活，他明白了：如果自己想过得更好，就要先适应别人的所作所为，不必看什么都不顺眼。有时候，微笑即使是违心的，也能让人感觉愉快。

于是，他开始试着不再批评和发牢骚，而尽量去恭维别人，刚开始他觉得有些痛苦，到后来发现，假如不这样会很辛苦，而这样做自己并没有损失什么，也没做什么违反个人原则的事情，就能让生活变得顺利。更让他欣慰的是，在自己改变之后，和朋友、同事的关系都好了起来，而对于公司制度的问题，他曾和颜悦色地提过几次建议，结果领导还意外地改了制度。他因为改变了自己的处世方法，从而改变了自己所处的环境。

假如我们觉得不快乐，那一定是因为生活里出现了和我们期望相反的事情。而仔细一想，因为我们心中有个必须如何如何的标准，是它导致我们的不快。而改变这种情况只有两个办法。

（1）改变它。让每个人都按我们期望的样子做事，让每件事都如我们所希望的一般完美，这需要付出很大的努力。因为社会并不会纵容我们的习惯或规则。而且，我们有这样的想法，别人也有。也许我们期待的生活正是别人的痛苦，于是矛盾产生了，你同样不会快乐。很多人所谓的改造社会，无非是希望地球按照自己所想的方式转动，让地球来适应自己，这可能吗？

（2）改变我们自己。假如我们终日把希望寄托在第一条上，极可能一生都会郁郁寡欢，因为曾有过很多人尝试去这么做，成功却未可见。但是却有选择第二种方法的人获得成功的先例。你可能会认为这近乎自我欺骗，但事实上改变自己并不表示我们要开始对世界忍气吞声或俯首听命，这是为了生存和改变社会的一种必要手段。毕竟改变社会是一个耗时巨大的工程，也是一个投资巨大收效却很难预见的工程，而且它极可能是一个不可能的工程，不仅你无法看到这个工程竣工的那一天，甚至连你的后代也看不到社会被你改造得很完美的那一天。这就像是绕着一个圆圈跑，希望有一天可以跑到终点一样——人最终只会疲于奔命，直至倒下。

一位皇帝统治着一个很富足的国家。一天，他徒步走到一个很远的地方视察工作。返回宫殿的时候，皇帝感到他的脚非常疼，因为这是他头一次步行出远门，而且所走的路都是崎岖不平的。于是皇帝下令把他以后要走的路上都铺上皮革，虽然这需要成千上万张牛皮，花费很多金钱。这时，一位谋士斗胆向皇帝建议道："英明的皇帝，您没有必要花那么多冤枉钱。您只要割下一小块牛皮，包着您尊贵的龙足，就能够起到相同的效果了。"皇帝惊讶之余，接纳了谋士的建议，制作了一双"牛皮鞋"。

我们没办法把世界铺上地毯以利于我们行走，但我们可以穿上鞋，这样就能避免道路对脚的折磨。假如要让社会来适应你，而不是你去适应社会，那么你要付出的代价是很大的，结果还不一定成功。就如同这个故事中的皇帝一样，总想着把崎岖不平的路都铺上皮革，却不曾想过这会浪费多少钱，说不定最后还不能完全达到自己的要求。其实仅在自己脚上套上一双"牛皮鞋"，结果就完全改变。

事实上，想让自己来适应外界也不是一件非常容易的事，毕竟每个人从小到大都养成了自己所谓的"个性"。哪怕是个性和社会的冲突每天都会发生，但我们还是不容易被社会这个大熔炉所熔化。然而聪明的人却善于通过现实的镜子来理智地调整自我，并最终完善自我。

# 第 2 章

## 任何时候，遇事三思

　　与人交往，最忌讳冲动。歌德曾说："决定一个人的一生，以及整个命运的，只是一瞬间。"往往我们一瞬间的冲动，就会毁了自己的一生，所以在我们与人打交道的时候，不妨多考虑一下后果，做到"遇事休冲动，三思而后行"，做足人情，许多事情往往就会有转机。

# 没有金刚钻，别揽瓷器活

子曰："其言之不怍，则为之也难。"这是孔老夫子说过的一句话，大意是说一个人说了大话而不知道惭愧，那么他实现此话的概率是很小的了。还有人说凡是说大话的人要么就是特别自负，要么就是纯粹吹牛。有一些人总在别人面前吹嘘自己神通广大，无所不能。他们认为只有这样，别人才会尊重自己、喜欢自己，自己也会更有面子。而事实上情况却恰恰相反，自我的吹嘘只会让他人更讨厌你。一个真正成功的人不会自吹自擂，因为别人的眼睛是亮的，所以，有本事要让别人去说，不能老王卖瓜自卖自夸。不知收敛、吹嘘自己的人，当真相被揭开时只会颜面无光、威风扫地。

我们来看一则寓言故事。斑鸠强占了小喜鹊的窝，看着无家可归的喜鹊，斑鸠开心地说："你可知道谁是鸟中之王？"

小喜鹊胆战心惊地说："您是鸟中之王！"斑鸠满意地飞走了。不久，斑鸠又啄光了小麻雀头上的毛，然后傲慢地问小麻雀："你可知道谁是鸟中之王？"

小麻雀吓坏了，它结结巴巴地说："您……您是……鸟中之王！"

斑鸠这下神气极了，它真以为自己已是鸟中之王了，于是耀武扬威地飞来飞去，谁知迎面碰到了老鹰。斑鸠不知深浅地大喝一声："你可知道谁是鸟中之王？"

老鹰没作声，只是双翅用力一扇，可怜的斑鸠便从空中跌落到草丛里。老鹰威严地说："这下你可知道谁是鸟中之王了吧？"斑鸠在草丛里挣扎了半天，才趔趔趄趄地站起来。

斑鸠不知高低，自我吹嘘为鸟中之王，结果被老鹰一巴掌就打回了原形，威风扫地。其实，真正实力雄厚的才是王者，嘴上功夫是要不得的。

"吹牛皮"的人，常常是外强中干的，而且他们的目的只不过是引起大家对他的关注，以满足自己的虚荣心。朋友、同事相处，贵在讲信用。自己不能办到的事情，胡乱吹嘘，会给人留下华而不实的印象。比如，某某人在酒桌上几杯酒下肚后，便开始吹嘘"和某某局长是铁哥们，和某处长是朋友，和某某市长是亲戚"等，简直是有通天的本事，似乎无所不能。几位朋友说起生意上或事业上的难处，这位老兄便拍拍胸脯、打包票说："没问题，这事全包在老兄身上。"待酒一醒，才发觉他摊上了麻烦，自己根本没有能力帮人办事，也许找人能办事，可也得大费周折，求爷爷告奶奶。这牛吹的，把自己都给绕进去了。帮不上忙，朋友面前多没面子，可真要帮忙，还确实是力不从心，强人所难，真是尴尬。

自吹自擂还会成为被人嘲笑挖苦的对象。你在那儿吹得天花乱坠，唾沫星子四溅，可周围的听众要么打哈哈，要么揭破你的牛皮，要么在那儿取笑你，要么干脆走开。你这样的人在那些正经人的眼中，无异于人生舞台上的跳梁小丑，丑态百出，愚不可及。

没有金刚钻，别揽瓷器活。在你不具备某种能力的情况下，夸下海口，大包大揽，结果只会耽误了事情，进而影响到自己的声誉，别人会觉得：其实你根本就不行。

有一年的春节晚会上郭冬临演的一个小品，是讲一个职员在单位因为职位低而被人看不起，后来他发现无论职位多高的人在买火车票的问题上都觉得很困难，所以大家认为能在别人买不到车票的情况下搞到票的人很有本事。这个职员本来在火车站没有熟人，为了表明自己有能力，他硬是对别人说自己在火车票售完后依然能搞到票，结果有很多同事请他帮忙，他是有求必应，答应了别人，而自己确实没有熟人，只好半夜三更去排队买票，结果托他买票的人越来越多，把自己逼进了死胡同，有时他不得不自己贴钱买高价票，更别说抱着被子上火车站一待就是一夜的痛苦了。这就是没有考虑自己的能力，轻易地答应帮忙造成的后果。票买来了，大家认为你真了不起；买不来，那人就会认为，你既然能给别人买来，为什么不给我买，是看不起我吧！于是反而失去了信誉。

天真的人应该懂得保护自己，该推托的必须推托，不要凡事都往自己身上揽，这样别人才会重视你，尊重你。千万别吹牛，更不要抹不开面子。这样只会加重自己的负担，导致自己生活得太累。

虽然吹牛皮不是一个好的性格特点，可是社会中却到处是吹牛的人，每个人多多少少都有些自吹自擂的癖好，好像不吹一吹，别人就看不起自己，心里那种痒痒无法挠息，直至吹牛变成一种令人讨厌的习惯。

自吹自擂也许一时一事一地会捞到好处，蒙别人一把，满足自己一下，可从长远来看，若养成信口开河、自吹自擂的习惯，那你必定招致周围人的讨厌，影响你事业的成功和人格魅力。

因此，对于自吹自擂这种不良的性格特征，我们应尽力去克服。主要的办法是加强自己的知识面和经验，不要让无谓的虚荣心害了自己。只要你变得自信、自尊起来，你自然就不会再去自吹自擂。用自己的能力证明自己胜过用空话吹嘘自己。

## 不忍小事何以成大事

"小不忍则乱大谋"，这句话在民间极为流行，甚至成为一些人用以告诫自己的座右铭。有志向、有理想的人，不应斤斤计较个人得失，更不应在小事上纠缠不清，而应有开阔的胸襟和远大的抱负。只有如此，才能成就大事，从而实现自己的梦想。

在生活中，有的人总是拿什么都当回事，特别爱钻牛角尖。

尤其是对一些鸡毛蒜皮的小事争得不亦乐乎，谁也不肯甘拜下风，说着就较起真来，以至于非得决一雌雄才算罢休。结果，他们有的大打出手，或者闹得不欢而散、同事结怨、反目成仇，以致因小失大，后悔莫及。

在职场中，往往有很多表面上看起来是吃亏的事情，比如工作的调动、环境的变迁、上司的冷遇等。面对这些事情，我们应该能够做到泰然处之。"小不忍则乱大谋"，心胸开阔一点，目光放远一些。看这些事情对自己的长远发展是否有利，而不去做匹夫之勇。对于刚入职一年多的新人来说，别人还没有对你的较多的了解，为今之计尽量多看、多听、少说——领导不告知你的事不用问，领导要你干的事用心干，毕竟上天给予了我们只有一张嘴却有两只耳朵和眼睛……不说并非你什么也不知道，只是说的时候还未到。等有一天机会来临时你就应该"好好"说，让别人高看你。如何让别人高看你是另一个更需要技巧的东西，这是因为人生是一个发展的过程，它包含着两个相互联系、相互渗透的方面：一个是建构自己，它是指人对自身的设计、塑造和培养；另一个是表现自己，也就是把人的自我价值显现化，获得社会的实现和他人的承认。表现自我绝对称不上是什么错。这世上如果没有了"表现"，恐怕也就没有天才和蠢才的区分了。一位在外企工作只做了 4 年就做到公司高级副总裁的女性，有人问她怎样才能在一个公司飞速攀升。她说当然要靠能力。不过这个能力不是通常意义上的"真才实学"，而是指表现能力的能力。她的意思大概是这样的，生活如同一场接一场的秀，一个人作秀能力的高低决定他在生活舞台上的票房号召力。但要切记的是表现别过分张扬：也就是说不能光"敢于表现"，还需要"善于表现"，不要让人感觉自己的表现欲过强。如果对方看出你的表现欲过强，看出你的一举一动都是为了表现，他们会认为你没什么本事，反而轻瞧了你；还会认为你在"弄虚作假"，人们最不喜欢不坦诚的人，觉得这种人不可交、不可信。

所以，一旦有机会，每个人都要用一种间接、自然的方式表彰自己的功劳。如果不习惯自我推销，也可请别人从客观的角度助一臂之力。你会发觉，不露痕迹地让人注意到你的才干及成就，比敲锣打鼓地自夸效果更好。真的，对于职场中的年轻人来说，还需要修炼内功，做到"喜怒不形于色，是非不辨于言"，才能使自己在受到别人轻视、作弄、欺骗甚至侮辱时，而能够包容含蓄，不发一言，不表愠怒，使他人无从捉摸我的内心深处。其中的趣味是奥妙无穷，同时也藏着很大的机谋与作用。所谓"静以制动，观人入微"，则他人对你再也不敢加以侮弄欺骗了。反击要等机会，不可盲目。机会不成熟，自己更被动。

将人们击垮的有时并不是那些看似灭顶之灾的挑战，而是一些微不足道的鸡毛蒜皮的小事。一些人常常被困在这些有名和无名的忧烦之中，它一旦出现，人生的欢乐便不翼而飞，生活中仿佛再没有了晴朗的天，真是吃饭不香，喝酒没味，干工作没劲，干事业没心情，玩也没意思。这一切，只因为他们陷入了多余的忧烦之中，也正是因为这些鸡毛蒜皮的小事，却消耗了人们大部分的时间和精力，严重影响了我们的私生活质量，使生活失去光彩，最终让大部分人一生一事无成。显然，这是一种最愚蠢的选择。

人生一世，谁都不甘平庸，都想成就一番大业，不虚度此生。其中，忍也是成就大业的必备心理素质。所谓"忍小谋大"就是要站得高，看得远，就得忍住那些小欲望，或一时一事的干扰，创造条件奔向更大的目标。

有人说，你每天考虑的事情，就能代表你自身的价值。如果我们每天都在考虑着那些鸡毛蒜皮的小事，我们其实就是在将自己贬得一文都不值。如果你还看得起自己，那好，就不要为那些无谓的小事浪费心神了。大行不顾细节，大礼不辞小让，那些没用的小事就由它们去吧，咱还要留着有用之身干大事呢！

唐国公李渊曾多次担任中央和地方官，所到之处，悉心结纳当地的英雄豪杰，多方树立恩德，因而声望很高，许多人都来归附。这样，大家都替他担心，怕遭到隋炀帝的猜忌。正在这时，隋炀帝下诏让李渊到他的行宫去晋见。李渊因病未能前往，隋炀帝很不高兴，多少产生了猜疑之心。当时，李渊的外甥女王氏是隋炀帝的妃子，隋炀帝向她问起李渊未来朝见的原因，王氏回答说是因为病了，隋炀帝又问道："会死吗？"王氏把这消息传给了李渊，李渊更加谨慎起来，他知道自己迟早为隋炀帝所不容，但过早起事又力量不足，只好隐忍等待。于是，他故意败坏自己的名声，整天沉湎于声色犬马之中，而且大肆张扬。隋炀帝听到这些，果然放松了对他的警惕。这样，才有后来的太原起兵和大唐帝国的建立。

这个例子同样也可以映射到我们的现实生活中，比方说你的上司对你有点微词，你要是忍不下去炒了老板的鱿鱼，也许就会影响到你以后在这个行业更大的发展！就如同赵括没有受得了白起的挑衅贸然出兵，导致40万赵军被活埋。

人生活在这个世界上，若是该忍的不忍，该让的不让，逞一时之英豪，最后便会危及己身。做人应凡事用理智来指导自己的行动，无关紧要处的较量该让的要毫不犹豫地谦让。这样为人处世，表面上看是退、是让，殊不知，与世无争，实则是进、是保，是与世大争，大争者若无争。

因此，我们在做人做事时，要善于在一些事情上，表现出自己糊涂的一面，无关紧要的小事情，不如掩藏起自己的精明。毕竟，我们的一生不应该对什么事都斤斤计较，即便有那个能力，也没有那个必要。该糊涂时糊涂，该聪明时聪明，正如俗话所言"吕端大事不糊涂"，说的就是对小事不斤斤计较，果断地将那些无益的事情抛弃，不去理它，只在关键时刻显身手。

认为"忍是懦弱者的哲学"的人，只不过是从表面上看问题，恰恰相反，忍是强者的哲学。只有志存高远、目光锐利、意志坚强的人，才不会为小小不平之事而盲动。

40

# 别与仇恨较劲儿

有人说，宽容是一种修养，一种处变不惊的气度，一种坦荡，一种豁达。宽容是人类的美德。荷兰的斯宾诺沙说过：人心不是靠武力征服而是靠爱和宽容大度征服的。宽容一如阳光，亲切、明亮。温暖的宽容也确实让人难忘。"二战"结束后不久，在一次酒会上，一个女政敌高举酒杯走向邱吉尔，并指了指邱吉尔的酒杯，说："我恨你，如果我是您的夫人，我一定会在您的酒杯里投毒！"显然，这是一句满怀仇恨的挑衅，但邱吉尔笑了笑，挺友好地说："您放心，如果我是您的先生，我一定把它一饮而尽！"这样从容不迫的回答也就给了对方一个极其宽容的印象。宽容是一种大智慧，一种大聪明！

三国时期的著名军事家曹操就是这样一个不计私仇、宽以待人的人。张绣曾是曹操的死敌，陈琳曾为袁绍写檄文痛骂曹操，但他们归降后，曹操却不计前嫌，委以重任，才换来张绣与陈琳心悦诚服，诚心归顺。

故事里的人，或许会有不共戴天之仇，但在大多数人的生活里，一般不至于达到那种地步，也不过是工作生活上的一点小摩擦罢了，只要矛盾并没有发展到你死我活的境况，总是可以化解的。记住：敌意是一点一点增加的，也可以一点一点削弱。中国有句老话：冤家宜解不宜结。人与人之间，低头不见抬头见，还是少结冤家比较有利于你。

比如说，同事曾经与你为一个职位争得面红耳赤，不过，今天你俩已分别成为不同部门的主管，虽然没有直接接触，但将来的情况又有谁晓得？所以你应该为将来铺好路。

如果你无缘无故去邀约对方或送礼给他，太突兀，也太自贬身价了，应该伺机而动才好。例如，从人事部门探知他的出生日期，在公司发动一个小型生日会，主动集资送礼物给他……记着，没有人能抗拒好意的。

要是对方擢升新职，这就是最佳的时机了，写一张贺卡，衷心送出你的祝福吧；如果其他同事替他搞庆祝会，你无论多忙碌，也要抽空参加；否则就私下请对方吃一顿午餐吧，恭贺之余，不妨多谈一些大家在工作方面的喜与乐，对过往的不愉快事件绝口不提，拉近双方距离。

记着，这些亲善工作必须提前抓紧机会去做，否则到了你与他有直接麻烦才开始行动，就太迟了，也只会予人"市侩"之感。

或许有些人认为，宽容是软弱的表现，宽容只能让我们退让和忍受。宽容应该是相互的，如果我对他宽容，他对我却不宽容，岂不是就等于吃了大亏？抱有这种认识和思想的人，实际上他们已经不宽容了，他们理解的宽容是片面的、极端的。

有甲乙两人，某甲向某乙借用镰刀，结果遭到某乙拒绝。不久某乙向某甲借马，某甲遂答："上回你不借我镰刀，所以这回我不借马给你。"这是报复。

如果某甲向某乙借用镰刀，结果遭到某乙拒绝。不久某乙向某甲借马，某甲虽然答应，却趁借马之机向某乙说道："上回你不借我镰刀，但是这回我却借你马匹。"这是憎恶。

如果某甲向某乙借用镰刀，结果遭到某乙拒绝。不久某乙向某甲借马，某甲欣然答应，不但绝口不提上次借镰刀的事，还热情地告诉某乙这匹马的习性。这就是宽容。

在现实生活中，我们见到的多是具有报复之心和憎恶之情的人，而那种具有宽容的博大胸怀的人，必将在众人中脱颖而出。

另外，即便只从"利己"的一面出发，忘掉过去的仇怨，也可以使我们轻装上阵，心中充满自信与安定。

一个威风凛凛的大力士名叫赫格利斯，从来都是所向披靡、无人能敌的。因此，他是何等的踌躇满志、春风得意，唯一的遗憾就是找不到对手。

有一天，他行走在一条狭窄的山路上，突然，一个趔趄，他险些被绊倒。他定睛一瞧，原来脚下躺着一只袋囊。他猛踢一脚，那只袋囊非但纹丝不动，反而气鼓鼓地膨胀起来。赫格利斯恼怒了，挥起拳头又朝它狠狠地一击，但它依然如故，仍迅速地胀大着；赫格利斯暴跳如雷，拾取一根木棒朝它砸个不停，但袋囊却越胀越大，最后将整个山道都堵得严严实实。

气急败坏却又无可奈何之下，赫格利斯累得躺在地上，气喘吁吁。不一会儿，一位智者走来，见此情景，困惑不解。赫格利斯懊丧地说：这个东西真可恶，存心跟我过不去，把我的路都给堵死了。智者淡淡一笑，平静地说：朋友，它叫"仇恨袋"。当初，如果你不理会它，或者干脆绕开它，它就不会跟你过不去，也不至于把你的路给堵死了。

人生在世，人际的摩擦、误解乃至纠葛、恩怨总是在所难免，如果肩上扛着"仇恨袋"，心中装着"仇恨袋"，生活只会是如负重登山，举步维艰了，最后，只会堵死自己的路。一味与仇恨较劲儿，浪费的是你的青春与精力。当有一天自己钻了牛角尖的时候，你可以换一种新的思维方式：把自己的力量都放在喜欢的、能做出成绩的事情上多好。你完全可以拍拍手转身走掉，决不会遭到任何阻拦。安德鲁·马修斯在《宽容之心》中说过这样一句能够启人心智的话："一只脚踩扁了紫罗兰，它却把香味留在那脚跟上，这就是宽容。"生活如海，宽容作舟，泛舟于海，方知海之宽阔；生活如山，宽容为径，循径登山，方知山之高大；生活如歌，宽容是曲，和曲而歌，方知歌之动听。

# 从培养抵抗打击的韧性开始

"小不忍则乱大谋"，在充满竞争的社会里，要想出人头地，就要敢做别人所不敢做，能忍别人所不能忍，才能使自己不断地积蓄力量，增强忍耐力和判断力，这样才能为将来事业的成功积累资本。

人人都想少年得志，但在往高处走的时候，不要忘记忍耐，这种忍耐可以是暂停，也可以是往低处走；可以是后退，也可以是迂回。无论是哪种方式，只有能避开对方的锋芒才能成为最后的赢家。

王伟是公司的一个小职员，每天虽然算不上兢兢业业，但也还是能把自己分内的事情做好，而对于其他的事情总是不闻不问，即便是同事的东西掉了，如果对方不要求，他也不会主动去帮着捡。因此，在同事的眼中，他是有名的"懒汉"，人们也没有把他放在眼里，日子就这样相安无事地进行着，每天准时上班，准时下班。

可是这种局面并没有维持多久，在一次意外中，王伟的上司（部门主任）因为身体不适住进了医院，并且需要修养一段时间，所以公司领导决定，重新提拔一位主任，并且考虑到业务的关系，决定在现有的人选中挑选。这下子整个办公室就炸开了锅，大家为争取这个机会而开始了激烈的竞争，动脑筋、走后门，方法是五花八门。可是唯有王伟似乎对这个没有多大的兴趣，稳坐钓鱼台，该怎么做还怎么做。同事们都觉得很奇怪，但是都忙于自己的事情而没有理会他，因为他是一个公认的"懒人"。

不久之后，领导决定出来了：王伟当选。原因很简单，王伟成熟稳重，能做好分内的事情，并且最重要的一点是懂得忍耐。就在家人为王伟举行的庆功宴上，王伟道出了实情：其实他也想参与竞争，但是他懂得竞争并不一定要挤进"潮流"之中，那样自己的才华容易淹没在同事们之中，相反，如果忍耐一下，让自己的形象和同事们的形象完全区分开来，那么这种"卓尔不群"的感觉，就使领导更容易看到自己了。

忍耐，让王伟不仅赢得了主任的职位，还赢得了大家的尊重，更赢得了领导的器重，这也是一种韬晦之计。中国人都知道这样一句话："木秀于林，风必摧之。"但是，真正到竞争的节骨眼上，很多人却又忘记了这个道理，一味地想表现自己，冲动而又莽撞，根本不懂得忍耐，不懂得韬晦。韬晦和忍耐是让自己避免受伤害的最佳手段，等到时机成熟，便可以大显身手，这是每一个人都必须懂得的生存技巧。

对于社会上大多数芸芸众生来说，在很多时候我们需要在别人的指缝里讨生活。你需要找工作，需要调动工作，需要开拓更广泛的人际关系。在这所有的活动之中，你可能都处于一种求人的地位，处于一种必须伏下身来才能生存的格局之中。这时候你能够借助的外界力量很小，只能靠内心的力量支持，才能争取到更多的生存资源。

有一家公司，老板是位广东人，对下属非常严厉，从不给一个笑脸，但也是个说一不二的人，该给你多少工资、奖金不会少你一分，下属都拼命地工作。

公司有个规定，不准相互打听谁得多少奖金，否则"请你走好"。虽然很不习惯，但员工还是一直遵守着，努力克制着从小就养成的好奇心和窥私癖。有一个月，大家都发现自己的奖金少了一大截，开始不说，但情绪总会流露出来，渐渐大家都心照不宣了。

那天中午，吃工作餐的时候，大家见老板不在公司，就有人摔盆碰碗发脾气，很快得到众人的响应，一时抱怨声盈室。

有一位刚到公司不久的中年妇女，一直安安静静地吃饭，与热热闹闹的抱怨太不相称了，引起了大家的注意。

他们问她，难道你没有发现你的奖金被老板无端扣掉一部分吗？她轻轻摇头。人们吃惊了，整个餐厅一下子安静下来，每个人都一脸疑惑，人人都被扣了，为何她得以逃脱？什么原因使她独享优惠政策？不久，她被提升了，他们又嫉妒又羡慕，她的工资会高出一大截来，还有奖金。

很久以后，大家才知道她是被扣得最多的一个，当时，她是这样想的：这个月我一定是做得不够好，所以才只配拿这份较少的奖金，下个月一定努力。为何别的人没有这样的想法呢？她是这样分析的，那时她工作了近二十年的工厂亏损得很厉害，常常发不出工资，她实在没办法，因为家庭负担太重，上有生病的老人，下有读书的孩子，还有因车祸落下残疾的丈夫，于是就出来打工了。在这个公司的收入比起以前的工资来要高出百十元钱，这让她喜出望外，非常珍惜这份工作，甚至有一种感激的心情。

后来，许多人离开了那家公司，跳了几次槽，却都没有跳到一个满意的地方。但是，她一直固守在那儿，已经做到了经理助理的位置，标准的白领阶层。谁能想到几年前，她不过是人到中年的下岗女工呢？

如果你一向以为"神秘"与"城府"是那些位高权重的大人物的事，现在可以纠正一下这种看法了。它甚至也不需要多么复杂的计谋和高深的伪装功夫，摆正自己的心态，该做的事多做，不该说的话少说，价值自然会慢慢体现出来。

生命能承受多大的韧性，就能承受多大的压力，在人生的竞技场上，出众的外表、机灵的头脑、能说会道的嘴巴，都有可能给我们带来一时的风光。但是这一切，都很难经受得住艰难的处境和长久的压力的考验，唯有像"蟑螂"一般的韧性，可以使我们成功地熬过光明到来之前的黑暗。只有熬过生命中突如其来的苦难的人才能被我们视为生命的强者。

## 失意人面前不提得意事

　　失意人前勿提得意事，得意人前勿提失意事。人有悲欢离合，当你的朋友、同事、家人或上司遇到一些失意的事情时，你的第一反应肯定是去安慰一下甚至是给他出谋划策，殊不知，这却是一个当着矬子说短话的行为。俗话说物极必反，无论做什么事情，都得把握一个度，特别是在彰显自己的时候，一定要记得这一点。

　　生活中，有些人总喜欢在别人面前炫耀自己的得意之事，总以为这样就会让朋友高看自己，使别人敬佩自己，殊不知，别人并不愿意听你的得意之事。自我炫耀，效果反而适得其反。尤其不要在失意者面前炫耀你的得意，因为你的得意衬托出别人的倒霉，甚至会让对方认为你炫耀自己的得意之事便是嘲笑他的无能，让他产生一种被比下去的感觉，他会更恼火，甚至讨厌你。

　　关于这一点，台湾著名作家刘墉曾写过这样一个故事，大意是：某部门的王经理、小张、小王、小邱等一起炒股。起初两个礼拜王经理都是每猜必中，所以其他人都把王经理奉若神明，大家都向他看齐，王经理买什么，大家必跟着他。王经理因此故弄玄虚起来，说自己炒股获利完全得益于自己得天独厚的"第六感"。

可是，上帝似乎跟他开了一个很大的玩笑，王经理在那次"演说"之后，每炒必亏，这引起了众人对其"第六感"的质疑。最后，以小张为首的众人成立了炒股"自救会"，不再听从王经理的建议，而是集众人智慧集体炒股，甚至让王经理跟他们一起干。

这个时候，唯独小邱一人对王经理的态度依然如故。当炒股"自救会"举行庆功宴时，小邱却独与王经理吃便当。最后的结果是，在王经理因炒股"血本无归，债台高筑"辞职时，他向上司举荐了小邱为下一任经理。

小邱的成功在于他运用了一个正确的处世之道：当着矬子不说短话，失意人面前勿提得意事。试想，众人举行庆功会，是不是对王经理的揭短，在王经理看来，这就是当着他这个股市失意人谈得意事，他能不记在心里吗？

而小邱则正好相反，他懂得如何安慰一个失意的人，虽然他私下里也不再按照王经理的"第六感"买股票了，但在表面上却并不显露出来。其实，小张劝说王经理和他们一起干的动机是好的，希望他不要亏得太多，但是这种做法，对王经理而言无异于扇了他一个耳光。小张的做法是典型的好心办坏事，那么，是不是轮到别人落难就不去安慰了呢？

肯定不是的，关键是安慰的方式。最好的方式就是你也以失意人的角色去安慰他，而不是以一个得意人的身份去指导他。

张伟的部门主任因为工作绩效不好而被降职，上面很快就调来了一个新领导。由于原来领导的群众根基比较深，再加上大家对新领导的不满，整个部门的同事仿佛是将新领导架空了。只有张伟一个人主动和新领导套近乎，经常一起抽烟、一起喝酒、一起吃饭。在谈话中，张伟经常有意无意地向新领导透露原来的领导不喜欢他等信息。这让新领导打心里认为，他和张伟"同是天涯沦落人"。

后来，由于工作出色，新领导得到提拔。他自然没有忘记张伟这位"落难"时的兄弟，在上任的第二天就提拔张伟做了他的助理。其实，新领导不知道这样一件事情：张伟当时之所以能够进这个部门，是因为原来的领导是他的亲舅舅。

我们不妨换位思考一下，当你遇到失意之事，别人在你面前大谈自己的得意之事时，你的心情如何？因此，必须要学会换位思考，失意之前，不说得意之事。

台湾作家刘墉的文集中有这样一段话极富哲理：

失意人前，勿谈得意事。因为那只可能加重对方的落寞感，所以即使万事顺心，也要故意说些辛苦处给朋友听。

得意人前，勿谈失意事。因为得意人常不能体谅失意者的痛苦，所以即使有许多不如意，也要振作起精神。

失意时交的朋友，得意时常会失去。因为他觉得你高升了，不再是他的一伙，他不愿意高攀，也高攀不上，你无心的一言一行，都可能引起他自卑的敏感。

得意时开罪的朋友，失意时也难以挽回。因为他觉得你昔日气焰的消失，不是因为你变得谦和，而是因为走投无路，才回头来搭老交情。昔日你不认他，他今天也不会认你。

# 第 **3** 章

## 适时地保留意见

　　天真的人"心口如一"，想什么马上就要表达出来。让人一碗水看到底之后，你的能力和智慧就会受到怀疑。不要让人把你看得太透彻，你为人处世越低调，就越能自如地行走于社会。适时地保留意见才是不败的绝招。

## 保留意见，点到但不点破

巧妙地隐藏是为了更好地释放，适时地暴露是为了充分地表现自己，使自己脱颖而出。要想做到这一点，首先要把握好藏露的尺度。当时机不成熟时，必须像猎人一样耐心隐藏着，等待猎物的出现，然后再抓住机会，一招制胜。

我们在日常工作中，常常会遇到以下情况：有一些事，人人都已想到、认识到了，却无一人当众说出来。这些人并非傻子，而是学精了。人所共欲而不言，言者乃是大傻子。有一句老话叫"枪打出头鸟"。这话你争着说，必定犯着时忌，或说中别人之痛处，这样你就要倒霉了。

王羲之十岁的时候，聪明伶俐。大将军王敦十分喜欢他，常常带他在身边，有时把他安置在帐中同寝。

一天，大将军早起，而王羲之仍贪睡在床。不一会儿，王敦的属下钱凤急匆匆地走进来，屏退左右，密议叛国起兵的大事，但王敦忘了王羲之还在帐中睡觉。

其实此时王羲之并没有睡着，他在床上听得清清楚楚。他知道自己已听到逆谋，断无侥幸存活的可能，于是吐出口水，把被褥、床头和自己的面颊都弄湿了，继续假装熟睡。

王敦与钱凤正谈得津津有味时，忽然想起帐中还有王羲之，不由大惊道："糟了！如今不得不除掉这小娃儿了。"

王敦前去打开帐子一看，只见被子、枕头一大片涎水——王羲之仍然好梦正酣呢！

王羲之装作熟睡的样子，从而避开了王敦的猜疑保全了自己的性命，日后成为中国的一代书圣。

不难设想，王敦为了保住计谋的秘密，为了事业的成功，他绝不会轻易放过任何一个不该知道这个密谋的人，只要王羲之还醒着，或者只要有迹象表明王羲之还醒着，王敦就会不假思索地杀死他。

明明知道的事情却故意装着不知道，明明看得分明的东西却装得看不见，这就是心里明白表面糊涂。人人都有身处险境的时候，明知故问常常是明哲保身或达到目的的重要变通手段。

有一次，曹操建造了一座花园，造成后，他去观看，未置可否，只是在门上写了一个"活"字就离开了。众人都不解其意，杨修说："'门'内添'活'字，乃'阔'字也。丞相是嫌门太宽了。"监工立即命令工匠们重建，曹操再去看时，大喜，问："谁知吾意？"左右告之："杨修也。"曹操虽喜，心甚妒之。

还有一件事，平时曹操担心被人暗害，便对左右的人说："吾梦中好杀人，凡吾睡着汝等切勿靠近。"一日，他午睡时被子落在地下，一近侍给他拾起复盖在身。曹操拔剑杀之，然后又倒头入睡。起床后，假意问道："是谁杀了我的近侍？"众人以实相告，曹操痛哭，命人厚葬。众人都以为曹操是梦中误杀，今见曹操又是痛哭，又是厚葬，不但不怪曹操，还多有称赞之词。临葬时，杨修指着死者说："丞相非在梦中，君乃在梦中耳。"曹操听说后，愈加嫉恨，便想找机会惩治这位"能人"。后来曹操的军队与刘备在汉水作战，两军对峙，久战不胜，是进是退曹操心中犹豫，适逢厨子送进鸡汤，见碗中有鸡肋，因而有感于怀。正沉吟间，夏侯惇入帐问夜间口令。曹操随口说道："鸡肋！"行军主簿杨修一听夜间口令为"鸡肋"，便立即让士兵收拾行装，准备归程。夏侯惇忙问其故。杨修曰："鸡肋者，食之无肉，弃之可惜。丞相的意思是如今进不能胜，退恐人笑，在此无益，不如早归。来日魏王必班师矣。"本来曹操在进退两难之际，真有班师北归之意，但见杨修又说破他的心思，非常气恼，便大声呵斥道："汝怎敢造言，乱我军心。"喝令刀斧手推出斩之。

聪明是一笔财富，关键在于怎么使用。财富可以使人过得很好，也可能使人毁掉。凡事总有两面，好的和坏的，有利的和不利的。真正聪明的人会使用自己的聪明，平时是深藏不露，不到火候时不轻易使用，一定要貌似浑厚，让人家不眼红你。

在人生中，无论是工作还是人际交往，都要时时注意，收敛自己的性格、低调做人。太招摇、太张扬，不仅不会得到别人的肯定，有时还可能影响别人而引起别人的嫉妒和反感，最终酿成悲剧。

在生活中我们不难发现，那些口若悬河、好出风头、心中藏不住半点秘密的人非常浅薄，时间长了也令人反感乃至厌恶。相反，那些看来口齿笨拙或者总是隐藏自己才干的人，却往往成竹在胸，计谋过人，更容易成功。过去说"宰相肚里能撑船"，是说大人有大量，这大量也包括深藏不露，胸中自有百万雄兵，能藏得住秘密，不会显山露水。

## 绕几个圈子，效果会更好

生活中不少人是"直肠子""一根筋"，为人处世"碰到南墙仍不回头"，几头公牛也拉不回来。这样的人最该学点迂回术，让自己的大脑多几个沟回，肠子多几个弯弯绕，神经多长些末梢。一言以蔽之：绕几个圈子。

一马平川的坦途是人们所希望和企求的。然而世上又哪有那么多省时、省力的阳关大道任我们驰骋？在遇到暂时无法逾越的障碍时，我们要巧妙地选择走"之"字型，在换方向前，松口气，等力气稍恢复后再往上走，有时反而能更快到达。

18世纪初，俄国和瑞典为争夺波罗的海制海权发生了大规模的战争。瑞典在第一次进攻失利以后，经过认真的准备，纠集强大的海军和陆军，又向俄国发动第二次进攻。

瑞典的这次进攻来势凶猛，军队很快就在俄国沿海登陆。当时俄国沿海地区兵力薄弱，俄军被瑞典人逼得一再后退。俄国军民人心浮动，国内一片混乱。在俄国面临危急之际，彼得大帝异常冷静。他知道瑞典国王查理十二和瑞典军队的将领们一向做事小心谨慎，优柔寡断，缺乏勇敢的精神和坚定的意志。如果充分利用瑞典人的这一弱点，俄国就会转危为安。

于是，彼得大帝派遣一大批紧急信使携带着他的亲笔命令奔赴各地。他的这些命令要求各地的指挥官立刻派援军支援沿海地区。当然，彼得大帝所提到的这些援军有的是根本不存在，有的是远水解不了近渴。负责传送命令的信使故意糊里糊涂地乱走，粗心大意地暴露身份，结果被瑞典人俘获，身上的密信也被瑞典人搜出。瑞典将领对彼得大帝的绝密命令十分在意，认为俄国人隐瞒了军事实力，俄国军队之所以不加以顽强的抵抗而退出沿海地区，是因为他们有着更深远的计谋。在这种思想的支配下，瑞典军队放弃了已占领的俄国沿海地区，迅速后撤回国。

彼得大帝以一纸假书信吓退了敌人，不费一枪一弹就解除了瑞典军队对沿海地区的围困，保住了圣彼得堡和战略设施工程，使俄国顺利渡过了难关。

俄军一再溃退，国内人心惶惶；瑞典海陆军勇猛强大，节节进逼，俄国似乎只有败退这一条路了。但瑞典虽形势旺盛，其领导层却多疑而优柔寡断。彼得大帝深知这一点，故使出无中生有之计，成功地左右了瑞典军队的行动，使其迅速撤退回国，从而保存了俄国的领土与军队。

对于非常强大的敌人或障碍，如果我们没有必要的条件和充足的力量去打垮它，而一味地直线前进，盲目蛮干，那是一勇之夫所为，轻则徒劳无功，重则头破血流，丢盔卸甲，招致惨败。实现自我的过程中，我们应该多一点韧性，能够在必要的时候弯一弯，转一转，因为太坚硬容易折断。唯有那些不只是坚硬且更多一些柔韧和弹性的人，才能克服更多的困难，战胜更多的挫折。

经验告诉我们：一个人在为人处世中，若斤斤计较、处处与人发生摩擦，即便他本领高强，聪明过人，也往往会使自己壮志难酬，事业无成。年轻人未经社会的打磨，总会呈现出棱棱角角，容易碰壁。为了减少前进中的阻力，为了集中精力去实现自己的理想和愿望，必要时，我们应该做出某种让步或妥协，即用"圆"的方法去取代"方"的精神，当然也不能把"方"全丢了。人们活在复杂的社会当中，像舟行于江河，处处有"风浪"，有阻力，而一个人如果时时事事以"方"处之，以硬碰硬，竭尽全力与阻力相较量、相抵抗，甚至拼个你死我活，这样做的结果，一来精力难以承受，二来树敌太多，更不好过。与其如此，何不适当地用些"圆"的方法，积极地去设法排除一些困难或减少部分阻力，这样不就使通向成功的路上少几块绊脚石了吗？

明代海虞人严养斋，曾经当过主管考察官员的吏部尚书，后来又当了宰相。他准备在城里盖一座大宅子。地基已经测量好了，唯独有一间民房正好建在地基之内，这样使得整个建筑达不到预期的效果。房主是卖酒和豆腐的，房子是他的祖辈传下来的基业。工地的负责人想高价买下他的房子，但是这家人坚决不同意。负责人便很生气地报告给了严养斋，严养斋平静地说："没关系，可以先营建其他三面嘛！"就这样，工程破土动工了，严养斋下令工地的人每天所需的酒和豆腐都到那户人家去购买，并且先付给他们定钱。那家的夫妻因店小而工地上的人所需的酒和豆腐数量又很大，人手一时忙不过来，供给不上，就又招募工人来帮忙。不久，招募的工人越来越多，他们所获得的利润也越来越丰厚，所贮存的粮食大豆都堆积在家里，酿酒的缸及各种器具都增加了好几倍，小屋子里实在是装不下了。再加上他们感激严相公的恩德，自愧当初抗拒不搬的行为，于是，就主动地把房契送给严养斋，表示愿意让出房来。严养斋就用附近一处更宽绰一点的住房和他们调换，这家人非常高兴，没过几天就搬走了。

一般情况下，"直接式"处理问题，能快捷、迅速、及时地把问题搞定，是处理一般性问题的很好的方式。对于那些非常困难的问题，我们就要动动脑筋，变换一下思路，不去向敌对者直接挑战，不去触动和攻击障碍本身，而选择避实击虚、避重击轻的迂回方式，先去解决与它发生密切作用的其他因素，最后使它不攻自破或不堪一击，这样比起硬碰硬的真打实敲，岂不更加得意？

解决问题的时候，不要迷信一种方法，有些看似非常规的手段，绕一点圈子，却极可能收到良好的效果。

# 实力不可尽显

"木秀于林，风必摧之。"具有实力和能力的人不一定会在办公室政治中笑到最后，即使不是由于自己的张扬惹得他人生厌，也会因为出众的才华而招致旁人的嫉妒，甚至是同事的排挤和上司的打压。

虽说"酒香也怕巷子深"，表现自己的能力并没有错，但是过分的表现往往会造成"高处不胜寒"的凄凉场面。所以，秉承中庸之道，适度地低调一些才是明智的选择。

沈万三是元末明初之人，号称江南第一豪富。原名沈富，字仲荣，俗称万三。

沈万三拥有万贯家财，但他却不懂得"低调"两个字怎么写。曾经为了讨好朱元璋，给皇帝留一个好印象，沈万三拼命地向新政权输银纳粮，竭力向刚刚建立的明王朝表示自己的忠诚。而朱元璋也想利用这个巨富的财力达成自己的愿望，就命令沈万三出钱修筑金陵的城墙。沈万三负责的是从洪武门到水西门一段，占到金陵城墙总工程量的三分之一。沈万三不仅按质按量提前完工，还提出由自己出钱犒劳修筑金陵的士兵。沈万三这样做，无非是想讨朱元璋的欢心，但万万没想到自己的一番好心却弄巧成拙。朱元璋一听，当下就火了，说："朕有雄师百万，你能犒劳得了吗？"这时的沈万三还没有听出朱元璋的话外之音，面对如此刁难，他居然还是毫无畏惧地表示："即使如此，我依然可以犒赏每位将士银子一两。"

朱元璋听了大吃一惊，在与张士诚、陈友谅、方国珍等武装割据集团争夺天下时，朱元璋就曾经因为江南豪富支持敌对势力而让自己吃尽苦头。现在虽然说已经将对手打败，建立新的国家，但国强不如民富，这使朱元璋感到不能容忍。更使他火冒三丈的是，如今的沈万三竟敢越俎代庖代替天子犒赏三军。朱元璋心里怒火万丈，虽没有立即表现出来，但却暗自决定要找机会治治沈万三的骄横之气。

一天，沈万三又来向朱元璋大献殷勤，朱元璋给了他1文钱说："这1文钱是朕的本钱，你给我去放债。只以一个月作为期限，初二起至三十日止，每天取一对合。"所谓"对合"是指利息与本钱相等。也就是说，朱元璋要求每天的利息为百分之百，而且是利滚利。

沈万三虽然满身珠光宝气，但是他腹内却没有多少墨水，财力有余而智慧不足。他心里一盘算，第一天1文，第二天本利2文，第三天4文，第四天才8文嘛。区区小数，何足挂齿！于是他非常高兴地接受了任务。可是回到家里再仔细一算，沈万山不由得就傻眼了。第十天本利还是512文，可到第二十天就变成了

524288 文，而到第 30 天也就是最后一天，总数竟高达 536870912 文。要交出 5 亿多文钱，按照这个数目，沈万三就是倾家荡产也不一定够啊！

当然，后来沈万三果然倾家荡产，朱元璋下令将沈家庞大的财产全数抄没后，又下旨将沈万三全家流放到云南边境。

昔日的江南第一豪富，终因张扬过度，而落得了人财两空的下场。做人要善于宣传自己，但也一定要懂得隐忍和隐藏自己，特别是在位高权重的人面前，更要懂得收敛自己，因为这些人大都不喜欢身边的人锋芒盖过自己；否则，就会遭致嫉妒和算计，甚至是灭顶之灾。所以，要想成功，并一直保持下去，就要学会在任何时候都要把握好自己的尺度。

物极必反，无论做什么事情，都得把握一个度，特别是在彰显自己的时候，一定要记得这一点。做人要懂得彰显自己，否则会影响自己的知名度，但是做人也不能过于张扬自己，否则还没到成功之时，就可能已经大祸临头了。"人怕出名，猪怕壮"说的就是这个道理。

要想成就大事业，为人处世时就要学会隐藏自己，不要轻易暴露自己的底细，而且在自己得意的时候，更要懂得隐藏的道理。这样才能避开灾难，万事大吉。

## 不介意口头上的胜负

看得远才能走得远。把目光放远一些，一是看清方向，走得顺利，不至于总是遇到障碍走回头路；二是走起来不会太累，能走得快走得远。成语"高瞻远瞩"正是蕴含这种"站得高，看得远"的人生哲理。

红顶商人胡雪岩说过这样的话："如果你拥有一县的眼光，那你可以做一县的生意；如果你拥有一省的眼光，那么你可以做一省的生意；如果你拥有天下的眼光，那么你可以做天下的生意。"可见，走路爬高需要眼光，经商赚钱需要眼光，而做事做人同样需要眼光。如果你目光短浅，那么你永远也达不到自己的终极目标，一个真正有成就的人一定是高瞻远瞩、眼光长远的人，而不会计较一时的痛快、口头上的胜负。

郑晖从业已经有五六年了，他的技术和工作态度都没的说，他唯一一个缺点就是脾气太直，说话太冲，这使得他遭受了不少的挫折。

郑晖在一家公司干了三年，逐渐从一般的技术人员做到了一个小工头，有望升到主管的位置。然而一件事却使得他的升迁之路被彻底地堵死了。

那是一个星期天，郑晖正在对公司模具部门的工模进行盘点，作为主要负责人的他对盘点事项做了详细的安排，一切安排妥当之后，工人们开始在闷热的车间里有条不紊地进行着各项工作。不知什么时候，上司过来了，看了他的工作步骤后断然说："停下来，停下来！"然后又指点他应该如何去做。郑晖向上司解释了方法的具体步骤并且说明这是他多年来的经验积累，工人们已经熟悉了这种工作方法，而且工作进行得很好。郑晖又对上司说，你的指示虽好，但用于模具盘点不合适。上司听了这话，立即阴沉了脸，用生硬的口气命令，必须按他说的要求去做。但是郑晖觉得他的指示里含有明显的漏洞，于是据理力争，接下来双方理所当然地发生了激烈的争吵，最终上司暴跳如雷，郑晖也气得脸色铁青。最后郑晖甩下话说："既然你那么坚持，那你就让他们按你说的去做吧，出了什么问题我可不管。"说完他就离开了车间。事后郑晖手下的工人们还是遵循了他的方法，上司的提议在实际工作中确实是根本行不通。

之后郑晖慢慢地把这件事淡忘了，只是每次同事获得加薪或晋升时，他却总是靠边站。他和上司偶尔见面的时候，上司有时候会对他轻轻地笑一笑，意味深长的眼光，即使是直肠子的郑晖也醒悟到了一些东西。他终于明白，其实这件事情还没有过去，至少对上司而言是如此。

最终郑晖选择了离开。离开公司的那天，他忍不住去问上司，到底是不是因为那件事情才使得他成为升迁的"局外人"。上司摇了摇头，又肯定地点了点头，说："你要记住，没有上司愿意被下属顶撞，哪怕是只有一次！"郑晖苦笑着离开了。

在工作中无论上司是对是错，你都要先听他说，然后再婉转地表达自己的见解。在上司正确的情况下，下属对上司表现出应有的尊重，这点比较容易做到。但是，假如觉得上司错了，一般下属的心里就憋不住劲儿，想和上司理论一番，甚至直接指出他的过失。这样，上司虽然在心里认为你可能是对的，但面子上肯定会挂不住，一定会把你视为一个可恶的下属，从而不会想着给你晋升的机会。

一般来说，上司都有着非常强的尊严和成就感。行使权力，发布命令，使事情向着自己所预想的目标发展，会给他带来这种感觉。因此，对于上司来说，侵犯尊严等于是对人的污辱和蔑视，是绝对不能被容忍，更不能被谅解的"大逆不道"的犯上之举。这是身为下属的人在与上司打交道的时候，切切要铭记在心的处世箴言。

然而有许多时候，下属的冲撞会使上司下不了台，面子难堪。如果上司的命令确有不足，采用对抗的方式去对待上司，这无疑会使他感到尊严受损。特别是在一些公开场合，上司是十分重视自己的权威和面子的，或许他会表示可以考虑你的建议，但他绝不会允许你对他的权威提出挑战。

"小康，请你今晚把这一叠讲义抄一遍。"经理指着厚厚一叠稿纸对秘书小康说。小康听到此言，面对讲义，面露难色，说："这么多，抄得完吗？"

"抄不完吗？那请你另觅轻松的去处吧！"也许经理正在气头上，于是小康成了众目睽睽下的出气筒。

像小康这样生硬直接地拒绝上司的要求，给上司的感觉是她在对抗，不服从指示，因而扫了上司的威信，被斥责也就在所难免了。

其实，她可以处理得更灵活些。她不妨这样，立即搬过那一堆稿子埋头就抄起来，过一两个小时后，把抄好了的稿子交给经理，再委婉地表示自己的困难，那么经理肯定会很满足于自己说话的威力，并意识到自己要求的不合理处，而延长时限。

一个人即使是天才，一味地任性使气，也是难以立足的，而且会招致难料的厄运。我们应认清形势，把自己的位置摆正，才能做到自我保护。

古人云：识时务者为俊杰。识时务者，识荣辱、知进退也。识时务者，知道什么是好的，什么是坏的，知道什么时候进，什么时候退，绝不会去拿鸡蛋碰石头。他会刚柔并济，在自己不得意的时候，退一步，保存实力，以待来时。真正的大丈夫不一定是那些纵横驰骋如入无人之境、冲锋陷阵无坚不摧的英雄，却会是那些看准时局、能屈能伸的聪明者。他们懂得或阴或阳，或柔或刚，或开或闭，或弛或张，能够适应不同的环境，采用不同的生存与发展方式，也就是我们在这里所说的高瞻远瞩的策略。一时吃亏不会影响成败，更不必计较于口头上的胜负，学会从容退让，暂时忍辱受屈，暗地里默默积蓄力量，等待转败为胜的时机。一时的容忍绝非对命运的屈服，也不是卑躬屈膝，而是对未来的铺垫和积累，为成功做的一次投资，是为人处世的一种柔软、一种权变，也是一种高明的生存智慧。

## 冷静应对对方的激动情绪

在日常的工作、生活中，难免会遇上一些爱发脾气的人，其实谁都有发脾气的时候，终生不发一次脾气的人是没有的。其区别仅仅在于，有人脾气大，有人脾气小，有人是乱发脾气，有人故意用发"脾气"去达到一定的目的。面对这些人，我们应该冷静地面对和解决这些问题，如果解决不了不妨放一放或者想想好的情况。改善我们的生活状态或达到工作目标需要冷静的头脑和冷静的思维。因为当人愤怒或处理负面情绪时都会间接地降低我们的智商！遇事冷静，做事之前多考虑，这样才能更好地面对生活，面对工作！

从 1930 年开始统治埃塞俄比亚长达四十年的海尔·塞拉西，年轻时原名利杰·塔法里，他出身贵族家庭，很小的时候，就展现出充分的自信与王者之风，令身边的每一个人都啧啧称奇。

塔法里十四岁便进入宫廷，他立刻给国王曼涅里克留下了深刻印象，并成为他的宠儿。塔法里受到攻击时的优雅风度、他的耐性以及沉着的自信令国王倾倒。其他年轻贵族，既傲慢自大又装腔作势，而且嫉妒心强，他们总是欺压这位带着书卷气的瘦小少年。然而塔法里从来不发怒，他知道发怒是缺乏安全感的表现，而他不会屈服于这样的情绪。他身边的人已经感觉到他总有一天会成就大业，因为他的表现仿佛已经坐上了王座。

1936 年，意大利的法西斯党攻占埃塞俄比亚，已改名为海尔·塞拉西的塔法里流亡国外，他在国际联盟发表演说，请求协助。听众席上的意大利代表以粗鄙的辱骂妨碍他演说，但是他依然保持尊贵姿态，仿佛完全不受影响。这使得他更受推崇，也让他的对手看起来更加丑恶。

事实上，尊严是你处在困难局势时必须要戴上的面具：仿佛任何事情都影响不了你，你拥有全世界的时间来回应，这是极为有力的姿态。

真英雄之所以是真英雄，不仅在于他的勇猛或胆识，更在于他的肚量和策略，他不与小人一般见识，不逞一时之气。这不仅反映出他内心所拥有的真正昂扬的志气，而且显示出他的镇定和大度，心中不存争强斗胜傲气逼人的狭隘思想。

差不多每个人都有自己的生存技巧，碰到与我们不一样的观念时，先不要当即就生出鄙夷之心，他那么做，自有他的道理。世上有多少小河沟里翻了船的人，就是因为控制不了自己的脾气，然后一不小心，就钻进他人设好的陷阱里。

第二次世界大战之后，日本几乎是一片废墟，此时，吉田茂出任首相，在他七年的任期之内，的确为日本的战后重建立下了汗马功劳。吉田茂最具特色的风格，是他浓厚的贵族意识，面临大事常常激发出一股"舍我其谁"的气魄。

1953 年 2 月日本国会进行当年预算审议时，一位右派民主社会党议员西村荣一质询时首先发难："首相施政演说中对国际形势如此乐观，根据何在？"吉田茂答道："目前战争危机已远离而去，英国的丘吉尔首相、美国的艾森豪威尔总统都这样说过，我也这样认为。"西村荣一又咄咄逼人地说："我不要听英国首相或美国总统的意见。"吉田茂傲然回答："我是以日本总理大臣的身份答询的。"这时吉田茂已经有些烦躁了，西村荣一却是寸步不让，再以言辞激怒对方："你不要得意忘形！"吉田茂也回敬说："你不要口出狂言！"西村荣一问："什么是狂言？"如此针锋相对，一来一往，吉田茂在情急之下，冒出一句"无礼者，马鹿野郎（混蛋）"的骂人的话，怒气冲冲。西村荣一当然受不了，要求吉田茂收回刚才的怒骂。一时，会场的气氛异常紧张。吉田茂总算识大体，强压住怒气，当场表示自己言语不妥当。

但西村荣一并不就此罢休，他抓住吉田茂的失误，乘胜追击，发动了"吉田首相惩罚动议"，随后在众议院竟然获得通过。这是日本政治史上第一次出现"惩罚"首相的临时动议，对吉田茂威信的打击之大，可以想象。十二天之后，在野党乘机提出"内阁不信任案"，也获众议院通过。吉田茂只好随即解散了众议院，但却弄得自己声誉扫地，不久他就下台了。这就是有名的"马鹿野郎解散"事件，成为吉田茂政治生涯中的一大憾事。

西村荣一是别有用心，咄咄逼人，故意诱发对方发怒而失态。而吉田茂一时失控而冒出"马鹿野郎"的骂人的话，正中了对方的圈套。吉田茂是想遏阻对方的攻势，捍卫自己的尊严，但用发怒骂人的方式却正是南辕北辙，适得其反，授政敌把柄，使自己处于非常被动的位置。因为失去理智性克制力的自尊，已不再具有它本身的庄严色彩了，却转化为可悲的尊荣。君不见当有人遭到别人有意无意的人身攻击时，人们首先从良知上会谴责那些很不光彩的攻击者。然而，当被攻击者大动肝火，采取报复行动时，结果常常成为众矢之的，也在人们的心目中严重损害了自己的形象。吉田茂一系列的噩运来临，正是他怒而大骂带来的恶果。

还有一种情况，多发生在上下级之间，有些上司生性脾气不好，易发火，经常在人不明原因的情况下就大发雷霆，弄得下属不知如何应付。

在不了解情况时，作为下属的你千万不要冲动，因为上司的发火有时是没有什么依据的。此时应该弄清原因对症下药，这样不仅能够化解上司的怒气，还会让他对你的冷静留下深刻的印象。

小刘在一家商贸公司工作。一天，公司经理由于与外商谈判进行得非常不顺利，本来谈妥的事情又中途变卦。当他怒气冲冲地回到办公室，见到办公室乱七八糟，心情更加烦躁，不分青红皂白就大骂起来。此时，小刘正在不紧不慢地看报纸，以为上司是冲着自己来的，加上平时就觉着上司好像对自己有意见，心想：自己的工作做完了，看会儿报纸还挨臭骂。于是与经理争吵起来。另一位同事连忙过来，向经理说明了情况，经理此时也有些醒悟过来，直言：心情不好，不好意思。对小刘却悻悻然，感到小刘不懂事儿。

面对上司的坏脾气我们要学会冷静对待，小事不与其计较；原则性的大事，面对起来也不可脾气暴躁，更不能耍小孩子脾气，一定要态度诚恳地与他协商。值得指出的是，那些在上司对其发脾气之后，特别是受到委屈对待时，能主动向上司表示亲近的员工，将会被视为聪明的、有理智的人。这不是委曲求全，而是一种良好的素质修养。此时，最愚蠢的行为，莫过于当场与上司对抗、顶撞。如果我们觉得自己下不了台，不如反过来想想，假如我们当面顶撞了领导，领导同样下不了台。倘若我们能在领导耍威风时给他面子，起码能说明我们大气、大度、理智、成熟。只要领导不是存心找你的茬，冷静下来的他一定会反思，我们的表现一定会给他留下深刻的印象。

日常生活中，我们常看到这样的情况：相互无意的碰撞，却闹得脸红脖子粗；因一些鸡毛蒜皮的小事，也在那里大动肝火；为一些无关紧要的纠纷，争吵怒骂，没完没了……这些都是一些自制力差的人表现出来的一种不良情绪。我们也清楚：躲避那些不良情绪是不可能的，我们应该主动调节情绪，学会冷静，达到内心世界与外界环境的平衡，从而保持身心健康。在遇到冲突、矛盾和不顺心的事时，还必须学会处理矛盾的方法，明确：冲突的主要原因是什么？解决问题的方式可能有哪些？哪些解决方式是冲突双方都能接受的？学会管理和调控自己的情绪，是每个人走向成熟、迈向成功人生的重要基础。

## 攥住底牌才可靠

有的人心里藏不住事，有时因冲动而和盘托出全部真相，人生中并非所有真相都可以讲。真诚固然可贵，却不是人人都是以诚相待。冲动是泄露信息的大门，随意亮出自己底牌的人可能会输掉人生的很多机会。

为人处世应设法保持自己的神秘，随意亮出自己底牌的人让别人按牌来攻，肯定会输掉。混得再不好，也不要向别人诉苦，而要做出成功的样子；同样，即使很成功也不要亮底曝光，出人意料更能使人心悦诚服。

在现实中，我们为人处世一定要善于隐藏自己，不要轻易暴露自己的底细，而且在自己得意的时候，更要懂得隐藏的道理。这样才能避开灾难，才能万事大吉。

五代时期，有一次，后晋宰相冯道接到命令让其出使契丹，而他到了契丹后，竟意外地受到礼遇，契丹王还有意要留用他。冯道其实并不想留在契丹，但是又不好拒绝。于是，他一边上奏契丹王说："辽与后晋也算是父子关系，事子就如事父，这样看来，我现在实际上等于出仕两朝。"他说这话，意在博取契丹王的好感。而另一方面，冯道命令属下购置薪炭，以备寒冬之用，向契丹王表示他不敢逆旨回国。

经过冯道这一番动作，契丹王觉得他实在是一个难得的"忠义"之士，且有隐衷难言，顿时心生怜悯，就放冯道回国复命去了。然而这时，冯道却故作姿态，假意留在契丹不走，经过契丹王多次催促，他才慢慢收拾行李。出发后，他还沿路停留，表示他舍不得离开的依依之情。于是一行人费时一个多月，才回到本国。

随行的官员对此大为不解，便问他："既然大人您也归心似箭，恨不得插翅飞回，为什么却老是盘桓不走呢？"冯道说："我这是以退为进，隐藏自己的真实想法。其实我何尝不希望早点回国呢？但是无论我们怎么赶路，契丹人只要快马加鞭，一日之内就可以追上我们。因此，我就佯装对辽地有不舍之情，这是为了避免对方知道我真实的想法。"

回国后，他自然又受到了后晋皇帝的赏识和信任，因为皇帝认为他能不恋异国之封而毅然归来，实在是难能可贵。

正是因为冯道善用心计，八面玲珑，没有向契丹王亮出自己的底牌，才得以保护自己和整个出使队伍安全回国。

把底牌攥在自己手里，那就可以隐藏实力，别人永远搞不清楚你到底有多少斤两，而这就是你在必要时求胜的最好本钱。

在山区有一种鸟捕鱼的技术十分高明。这种鸟体态十分轻盈，浑身羽毛油黑发亮，像一个小精灵。它在岸边的枝头上停下的时候，头颈的转动频率之快十分惊人，大约一秒钟就有三次。它这样做的目的，是不放过任何一次猎物出现的机会。果然，它瞄准了一处深水湾，那里鱼儿成群，正在来回游动。它得意地用嘴整理一下羽毛，而后挺直身子，子弹一样射向正对深水湾的空中，稍一停顿，又炮弹一样"咚"地一声扎进水湾。

我们一定以为它在这一瞬间会叼起一条鱼来的，其实错了——它是直入水底后迅疾将身子收作一团，蜷缩在湾底的砂石上。起初被惊得四散而逃的鱼儿见无什么动静后，又慢慢围拢过来，好奇地看着那团射进水里的、在阳光下显得十分怪异的东西，有的鱼儿甚至凑过去试探地叮咬几下，希望那是一团美味。

此时的它，看似不动声色，其实正微张双眼四下观望。很快就瞄定了一条又大又肥的鱼儿。待这条大鱼游到它攻击的最佳位置时，便从湾底展开身子，箭一般射出去。那鱼儿尚未反应过来，便被它叼住，蹿离水面，落在岸边的枝头上。

许多刚从学校毕业的年轻人，不懂得这种心理，总是夸耀自己的学历、本事和才能，希望自己能早日被重用。其实，往往事与愿违。明智的做法是：先降下身份和面子，甚至让别人看低自己，克制自己的欲望和冲动，不过早地暴露自己的才华，逐渐积蓄自己的实力。当你默默无闻的时候，你会因一点成绩一鸣惊人，这就是深藏不露的好处。然后再寻找机会全面地呈现自己的才华，在知己知彼的情况下，获得竞争中的主动权。

尤其在大公司中，因为人多，难免会有争权夺利、钩心斗角的事情发生。而有许多人正是善于钻营奔走、挑拨离间。每逢公司有人事上的升迁调动时，不仅流言满天飞，同事见面亦是言不由衷，尴尬万分。何以会有这种情形？当然是有人泄露了人事上的机密，于是乎添油加醋，以讹传讹，搞得人心惶惶，既破坏公司的和谐，更影响士气。

一般说来，如果你是上级所赏识的人，遇到有升迁的机会时，你的上司必定会召见你，对你的工作、生活等有所垂询慰勉。此时不管你的上司是否对你有具体的承诺，你一定要守口如瓶，只有你能做到这个境界，才会让别人认为你是可共大事的人。这个人事动态便是你的一张底牌。

要做到严守底牌的最好办法是以静制动，或是干脆置之不理。如果说你的地位重要到能够引起人们的期待心理，此种情况更是如此。即使你必须亮出真相，也最好避免什么都和盘托出，不要让人把你里里外外一览无余。小心谨慎是靠小心缄默来维持的。

# 第 *4* 章
## 左右逢源有技巧

　　左右逢源是生活中自在其乐的"法宝"，是商场中打开财富之门的"金钥匙"。具备左右逢源的技巧，你的事业将会一帆风顺，人生将会更加丰富多彩。

## 甘当绿叶不做红花

　　成功的人回首过去走过的路，往往都是经历了一段漫长艰辛的跋涉，没有什么人能一步到位，取得成功。既然这样我们就要在这漫长的跋涉中甘心做一片绿叶，在不成熟的时机体会位居第二的哲学。当然并不是说让你永远位居第二，而是在你力量有限时，居第二会让你储备更多的能量，是为争夺第一储备更多力量。事实上，位居第二并非真的是甘居人后，真正的原因在于做"第二"比做"第一"的风险系数低得多。

　　"出头的椽子先烂""枪打出头鸟"，当老大固然风光，但也容易成为众矢之的，所有人都会挑你的错误，夺你的位置。正所谓高处不胜寒，很多人深解其中之味，所以在他们不具备当老大的绝对实力前，都是安居老二的。躲在背后少担风险，多赚便宜，这种老二哲学确实非常"高明"。

　　徐明大学毕业后就一直在一家公司工作。他能力强，待人诚恳，深受领导的赏识，不到两年就做到了销售部主管的位置。这年冬天，公司准备从内部员工中提拔一个销售经理，当时公司里上上下下的人都认为这个职位非徐明莫属，因为之前在原销售经理生病期间，一直是徐明代理销售经理的职责。可没想到，董事长最终从别的部门调了一个从来没有做过销售的老资格员工来担任销售经理这个职位。

消息宣布的那天晚上，徐明闷闷不乐地跟他老婆说起这件事情。他告诉妻子，再过一周，等业务交接完毕，他就卷铺盖走人。

妻子听了这话，没有表态，只是突然问了徐明一句："你今年多大？"

"26 岁，怎么啦？"徐明有些懵头懵脑，不知道妻子葫芦里卖的什么药。

"新任销售经理多大？"

"好像 38 了。"

他妻子继续说："那你想想，他 26 岁的时候在干什么？你26 岁就已经完成了人家 38 岁才能完成的事情，你还有什么不知足的呢？"

听了妻子的话，徐明坚持下来，并且全力配合新领导的工作。虽然许多同事怂恿徐明撂挑子，把业绩做砸，但他没有这么做。

后来，董事长找徐明谈话，透露了当时这样决策的用意所在。

董事长对徐明说："我不想让你顶头做老大，26 岁就领导几十号人，压力会很大，所以才调一个老员工过来给你卸卸压力。刚开始我还害怕你有情绪，现在看来我的担心完全是多余的。"

徐明这才知道老板的良苦用心，工作更加认真负责。经过不断地锻炼，他 32 岁就当上了公司的副总裁。

对于刚刚步入社会的学子，能够位居第二并不代表不够成功，而是在为成功打下坚实的基础，所以就要老老实实、认认真真地在第二的位置上努力。此时的你缺乏经验，甘心做"老二"是最佳的生存策略。

一位职场上很有名气的经理总结他的职场经验，说他学会了一件事情，就是永远不与老大争功，永远只做"老二"。这些年来，他默默地帮别人"抬轿"，默默地做自己该做的事，所以，他经常能看到同事之间两虎相争，争到最后老板选择的竟然是他，或者当主管晋升之后，也是优先考量愿意当"老二"的他。所以他觉得，如果一个不懂在必要时候当"老二"的人，不管最后这个人的专业能力有多强，几乎都无法在组织里继续发展下去。

看来，会做"老二"的人在公司里不容易树敌。做"老二"的既要争取上司的肯定，又要赢得下属的支持。在这个适应过程中，会逐渐懂得为人处世的分寸，广结善缘，因此事业更容易开花结果。年轻人要努力成为这样的人，然后才能建立良好的人际关系，事业才能更顺利。

"老二"哲学可以用长跑来作比喻，跑第二位的总是会比起初就在第一位的选手占优势。当你紧紧跟在别人后面，既没有成为众人的目标，又保持着领先地位，"老二"的位置难道说不是上上之选吗？况且老大在你的紧紧跟随下，往往会心里发毛，一旦稍有不慎，你就可以取而代之。这个时候，你的目的也就达到了。

# 用双赢取代两败

随着社会发展和人类文明的进步，人们的思维能力、思维方式发生了很大变化。在经济领域人们不再固守"成王败寇"这一传统思维模式，而是慢慢地在寻找一种"互惠互利"的合作模式，也就是通常所说的"双赢"。简单来说就是双方都得到好处，有饭大家一起吃，有糖大家都分来食，大家都能尝到甜头。双赢不是简单的零和博弈，而是共同把"蛋糕"做大，然后共享这种收益。第一个"赢"，代表的是让对方得到全部的价值与服务。当对方的需求或欲望得到满足时，第一个赢也就形成了。第二个"赢"，是指因你所提供的服务而获得的回报。当你服务他人的工作也能让自己获益时，第二个"赢"也就产生了。在双赢的结果中，人们可以获得更大的收益，人们可以认识到"利己"不一定要建立在"损人"的基础上。通过有效合作，皆大欢喜的结局是可能出现的。实现"双赢"，要求各方要有真诚合作的精神和勇气，在合作中不要耍小聪明，不要总想占别人的小便宜，要遵守游戏规则，否则"双赢"的局面就不可能出现，最终吃亏的还是自己。

有一个老农，经过多年辛勤培育，终于培育出了一种无核、皮薄、肉多而又少虫害的橘子新品种。果树培植成功后，老农视之如珍宝，藏之如机密，告诫家人万不可泄露了"天机"。几年后，老农种下的橘子树如期开花结果，而且产量喜人。老农的橘子看起来与普通橘子没什么相异之处，可品尝起来如糖似蜜。邻人知道后竞相奔走呼告，四方果贩也闻讯而来。这一年，老农发了大财，他多年积累起来的种树智慧得到了回报。

邻人见其果树之优良，甚为艳羡，便询问老农果树秘方，老农笑笑说那些只是多年杂交长成的果树罢了。邻人又问，可否分享些许，以共享富裕，老农不悦，心想自己多年来的辛苦劳作，今天终有回报，岂能随便分与他人，邻人的请求他一概回绝了。

然而，好景不长。第二年橘子成熟时，这位果农的橘子不但没比第一年长得好，质量反而大大下降了。原本无核的橘子开始有核，原本羡味的果肉开始有了酸味，虽然他的橘子还是比邻人的橘子好，可怎么也达不到第一年的水平了。本想把种橘事业发扬光大的老农，此时伤透了脑筋，到底是怎么回事呢？

老农来到果园里，在自己辛苦经营起来的果园里踱着步子。他的果园离邻人的果园不远，眼看着自己的果树是那么地出众，然而今年却出了瑕疵，心里有点不是滋味。他仔细观察着自己辛苦培育出来的新品种，心里思量着到底是怎么回事。看着看着，他似乎发现了点端倪——离邻人越近的橘子畸形越多，果子的皮面越粗糙，而离邻人最远的果树变异最小，最接近上一年的品相。

这回老农知道原因了，是邻人的果树影响了自己果树的收成。

不过他所做的不是让邻人搬走果树，而是把自己保留下来的种子分给大家种。没过几年，大家都收成了好果子，个个都喜笑颜开。老农则受到了大家的尊敬，被推举为当地果业协会会长。

故事里的老农以为能够独享好的果树品种，但令他始料不及的是独享的时间居然是那么短暂。后来，他把改良的品种分给大家种，不仅自己的果树不再受到困扰，同时也帮助别人获得了财富。这就是双赢的价值所在。

随着时代的进步和对企业认识的提高，管理者们也发现，鹿群中有狼并不一定是件坏事，现在的社会并不一定要"成王败寇"，竞争的企业完全可以做到"双赢"。可以说，时代的发展已经让企业界能够做到共存共荣，既有竞争又有合作，最终共同进步——说到底，这是一种良性的竞争。如麦当劳与肯德基、可口可乐与百事可乐等，它们始终保持着自身的优势，而又始终在比拼。这是一个充满竞争的时代，但不是一个你死我活的时代。

双赢重在一个"双"字，双赢不是单赢，只有对双方都有利的事，才能得到更好的推行，才能有更好的人际交往。如果依靠强力来推行一方的利益，那就只能是"专制"的手法了。社会中有许多这样的关系，比如商家与顾客，老板与员工，处理这样的关系时，双赢就是最好的交际法则。

另外，双赢的形成是有条件和顺序的。一般情况下，双赢需要首先站在对方的立场上思考问题，所以利益的让步首先会从己方出发。用一句话来表述就是：你赢我也赢，但是你先赢，我后赢。人们常说的"吃亏是福"大体上说的就是这个道理。

双赢的形象说法就是鱼和熊掌要兼得，虽然不同的人对"赢"的理解可以不同，但双方都能从"交易"中有所补益这一点是没人否认的。双方可能赢的程度有高有低、数量有多有少，但关键一点就是双方都能获益。

人都是不愿吃亏的，既然人人都不想吃亏，那么就必须找出解决的办法来，"双赢"便是这个复杂问题的解决之道。它已经演变为当今时代的最重要的运行法则之一。双赢不但给予你物质上的财富，而且还给予你精神上的财富，进而成为你人生取之不尽用之不竭的财富之源。

## ▌让你的才情显现出来 ▌

卓越的人都能让自己的才能展现出来。如果你有满腹经纶的学识，那就用理论指导你的人生，如果你有指点江山的激情，那就让才能去实现理想，总之，不要把你的才情隐藏起来，尽显你的才华才是明智之举。生活中有一类心高气傲又怀才不遇的"聪明人"。他们志气远大，却又目中无人；他们从不缺乏智慧，却从不愿意和别人分享；他们心里愤懑，喜欢抱怨这抱怨那，却从来不脚踏实地，一步一步去改变自己的困厄境地。

下面是一个怀才不遇者与咨询师的对话，从这些对话中你就能看到这些人的症结所在。

咨询师："你遇到什么问题了？"

怀才不遇者："我很苦闷，我很无奈，我想跳槽，我的上级都是笨蛋！什么都不懂！还整天装得人模狗样，实在懒得搭理他。"

咨询师："既然你认为你的领导不如你，那你为什么不把你的那些好的想法说给你领导听听呢？"

怀才不遇者："如果我跟他说了，他该到老板那里去卖弄了，我的创意马上就变成他的东西了！我才不干那为人作嫁衣的傻事呢！"

咨询师："那你可以把你的东西跟大家说，那样你的意见就能够得到大家的认同了，不是说发光的金子总是能被人发现吗？"

怀才不遇者："那样就更不好了，大家都知道了，那就不叫创意了。"

咨询师："那你的东西想让谁知道呢？"

怀才不遇者："让老板知道就可以了。"

咨询师："那你的老板现在知道你的'才干'了吗？"

怀才不遇者："我到现在都还没有在老板面前表现的机会，而且现在是伯乐的老板又那么少。"

咨询师："那你打算怎么办？"

怀才不遇者："所以我就沉默呗。"

咨询师："你应该把智慧用在工作上啊。"

怀才不遇者："唉，我现在的工作又怎么能用得上我的那些思想呢？这不就成了杀鸡用牛刀吗？"

咨询师："那么，你这样下去，别人怎么才能知道你有才干呢？"

怀才不遇者："不用他们知道！"

咨询师："那你的聪明想法什么时候才能用得上？"

怀才不遇者："等我当了领导，有了舞台后，我会把我的知识和智慧用上。到时候干出个样子来给他们瞧瞧，什么才叫真正的水平！什么才叫真正的智慧！"

咨询师："那你怎么才能当上领导，寻找到合适的舞台呢？"

怀才不遇者："我就没指望在这儿干出个什么名堂。比这儿好的地方有的是，没准儿过几天我就炒老板鱿鱼了。"

其实，我们应该明白，这样"藏"着、"掖"着绝对不是明智的选择。这样的做法不但是对自己的不负责，也算得上是对组织的不负责。这种狭隘目光所产生的自私，不但埋没自己的才华，还会使别人觉得你是一个眼高手低的人，从而失去升迁的机会。有很多步入中年的人，只是年龄见长，社会地位和工资收入却停步不前，其实，不是因为他们没有学历，不是因为他们没有知识，也不是因为他们没有能力，而是因为他们太"精明"。

为什么说他们的问题出在太"精明"上呢？主要是因为他们善于隐藏自己的想法，有了想法还迟迟不去行动，当事情落实到别人身上时，他们就开始抱怨，抱怨没有伯乐能识千里马，他们不愿在底层里蹚浑水、惹麻烦，更不会做一点"亏本生意"，总盼望着一鸣惊人的时机出现。

正确的做法是把自己的知识、智慧贡献给他人。好的想法分享之后才能开出美丽的花朵，不然，再好的创意只停留在空想阶段，也不能变为切切实实的东西。

## 占领成功之路的高地

人性的弱点决定了人是最经不住恭维的动物。对上级来说也是如此，你求他办事儿，恭维他是理所当然的。你恭维了他，他也会反过来重视你，得到恭维的人是不会放着对方的难题不管的。在这个社会上，会说恭维话的人，肯定比较吃香，办事儿顺利也就顺理成章了。当一个人听到别人的恭维话时，心中总是非常高兴，脸上堆满笑容，口里连说："哪里，我没那么好，你真是很会讲话！"即使事后回想，明知对方所讲的是恭维话，却还是没法抹去心中的那份喜悦。

刘业在一家软件开发公司工作四年了，一直兢兢业业，没出现什么失误。让他很郁闷的是，同期进来的王浩已经升职做了部门经理，自己却还是个普通技术人员。刘业一向都不欣赏王浩，王浩和自己的业务水平差不多，却很会讨好人。在公司里，王浩总是见缝插针地赞美这个同事，恭维那个客户。王浩有事没事就会跑进老板的办公室，然后里面就会传来老板一阵阵豪爽的笑声。刘业是个很傲气的人，他觉得既然是做技术的，就应该少说话多做事。像王浩这样靠恭维讨好上司而步步高升，实在让他心里愤愤难平。

就像上面所讲的故事一样，谁先赢得人际关系，谁就能占领攀登成功之路的高地，谁就容易赢得更多的机会。

王浩的成功就在于他懂得适时的恭维。这样，对方就不好意思让一个恭维尊敬自己的人受到冷落和难堪了，自然会在维护自我形象的心理支配下变得和蔼可亲起来。使用恭维方式时需注意两点：一是要实事求是。恭维的内容不是无中生有，而是确有其事，对方才会感到高兴。如果进行肉麻的吹捧，拍马屁，清醒的高傲者会把他当成小人而更加小视。二是赞美要适可而止。赞美在这里不过是使高傲者改变态度的手段，是交际的序幕。如果一味赞美，而不及时转入正题，就失去了意义。

在这里我们讲一下怎样才能恰到好处地恭维，赢得更多机会。

1. 恭维话要坦诚得体，必须说中对方的长处

人总是喜欢奉承的。即使明知对方讲的是奉承话，心中还是免不了会沾沾自喜，这是人性的弱点。换句话说，一个人受到别人的夸赞，绝不会觉得厌恶，除非对方说得太离谱了。

奉承别人首要的条件，是要有一份诚挚的心意及认真的态度。言词能反映一个人的心理，因而轻率的说话态度，很容易被对方

识破，而令对方产生不快的感觉。

2. 背后称颂效果更好

罗斯福的一个副官，名叫布德，他对颂扬和恭维，曾有过出色而有益的见解：背后颂扬别人的优点，比当面恭维更为有效。

这是一种至高的技巧，在人背后称颂他，在各种恭维的方法中，要算是最使人高兴的，也最有效果的了。

如果有人告诉我们：某某人在我们背后说了许多关于我们的好话，我们会不高兴吗？这种赞语，如果当着我们的面说给我们听，或许反而会使我们感到虚假，或者疑心他不是诚心的，为什么间接听来的便觉得悦耳呢？因为那是真诚的赞语。

德国的铁血宰相俾斯麦，为了拉拢一个敌视他的属员，便有计划地对别人赞扬这位部属，他知道那些人听了以后，一定会把他说的话传给那个部属。

3. 高帽不可扔得到处都是

高帽就是美丽的谎言，首先要让人乐于相信和接受，便不能把傻孩子说成天才一样的离谱；其次是美丽高雅，不能俗不可耐、低三下四，糟蹋自己也让别人倒胃口；再者便是不可过白过滥，毫无特点，不动脑子。

做工作、创事业离不开别人的支持和帮助。你的朋友或者同事也同样希望在他遇到困难的时候，你能及时伸出援助之手。你的一生如果能和他人之间互相支持、互相扶助、互相抬轿，那么你的人生会更轻松。

对于不了解的人，最好先不要深谈。要等你找出他喜欢的是哪一种赞扬，才可进一步交谈。最重要的是，不要随便恭维别人，有的人不吃这一套。

4. 恭维的另一种方法——倾听

善于恭维的人不一定口才一流，善于倾听的人，也可利用他们的专注来阿谀奉承。倾听也算是有所恭维，美国总统克林顿在巡视地方的时候，每当民众发问，他便把麦克风收在怀里，这表示对方话没说完，他绝不插嘴。克林顿倾身靠向说话的人，通常还会把一只耳朵凑向前去，他的眉头因为专注而深锁，双眼充满感同身受的表情，选民看到自由世界的领袖对自己这般全神贯注，谁不感动？

5. 扫平障碍要做到见风使舵

最重要的是不要随便恭维人，有的人不吃这一套，因此你必须学会察言观色，及时调整自己的言论走向，做到见风使舵。你也可以采用间接恭维法，故意在你的言论里采用反对你的人的言辞加以赞扬，指出其合理性和可行性，这样很容易得到大家的认可，同时也为你的前进路扫平了障碍。少了一些敌对势力和生意场上的对手，多了一些精诚合作的伙伴。

但是要清楚恭维不等于奉承，欣赏不等于谄媚。当人受到称赞时，他的自尊心会得到满足，并对称赞者产生好感。学会说恭维的话，当你托人办事时，你将会领悟到其中的妙用。

# 赞美能把对手变成朋友

当你赞美对手时，对手就会变成朋友；对于现代社会而言，我们可能更多的是遇到对手而不是敌人。把你的鲜花和掌声送给你的对手，是一种宽容大度，也是一种感恩。有人曾说过：感激曾经绊倒过你的人，因为他让你明白了什么是挫折；感激曾经背叛过你的人，因为他让你明白什么是忠诚；感激曾经打击过你的人，因为他让你明白了什么是坚强。所以，给你的对手一个笑脸，给你的对手一个掌声，你收获的将会比冷眼相向多得多。有人曾说，比你自己更了解你的是你的对手，所以生活中不时地向你的对手寻找自身的缺陷不失为一种非常高效的自我完善方式。学会尊重你的对手，有时候会显得比尊重自己更来得重要。对手的存在，让你始终不断地审视自身的弱点，在激烈的竞争中始终处于自我提升的过程之中。对手的存在，从某种意义上来说，比一帮阿谀奉承的溜须拍马之人的存在显得更有价值，换种说法，如果没有了对手，我们的生活将会越来越堕落，我们生命的价值也就仅限于"活着是为了吃饭"，我们活着也就沦落为没有了精神的肉体在游走而已。以人为镜，可以明得失；以古为镜，可以知兴替。

生活中要对你的对手常怀尊重，而不是厌恶与憎恨。

世界上的最强者不是在竞争中取得胜利最多的人，而是拥有最多朋友，最少敌人的人。要想拥有更多的朋友，更少的敌人，就必须学会把对手变成朋友，这样可以更好地赢得对手。这是一种高明的办法，而更高明的办法就是在公开场合赞美你的对手，所有听到此类赞美的人都将被你的宽容折服。

2008 年 6 月 7 日，美国国家建筑博物馆前人头攒动。人们都在等待几分钟后的演说，在民主党内部竞选中输给奥巴马的希拉里将要在演说中宣布退出总统竞选。当希拉里出现在广场上时，支持者们情绪高涨，他们高呼着希拉里的名字，掌声和欢呼声响彻整个广场。很多人不明白为什么在竞选中失败的希拉里居然还拥有如此多的支持者，但在她接下来长达 28 分钟的演讲中，大家找到了问题的答案。

在整个演讲中，希拉里既没有过多地回顾自己的总统竞选历程，也没有因为自己竞选失败而显露出悲伤的神情，更没有对打败她的竞争对手——奥巴马表示出任何仇视和怨恨。相反，令人意想不到的是，希拉里在整个演说中重点表达了对昔日竞争对手奥巴马的朋友式支持。

在希拉里的演说中，她至少 14 次提到了奥巴马的名字，她用充满激情的词汇号召支持她的选民继续支持奥巴马。"我今天终止我的竞选，我支持奥巴马，并把我的全部支持置于奥巴马身上。我请求你们和我一道，像为我一样为奥巴马而艰苦奋斗。实现我们目标的方式是拿出我们的精力、热情、力量，做我们能够做的所有事情，帮助奥巴马当选为下届总统。"希拉里的这番话在选民中掀起了高潮，她甚至引用了奥巴马的竞选口号"是的，我们能"来激励选民们。她说："虽然民主党将来的竞选道路不会简单，但我有信心奥巴马会获胜。我与奥巴马站在一起，是的，我们能。"

希拉里的这次演说获得了昔日的支持者、奥巴马的支持者乃至整个美国公民的高度评价。也许，这种将对手变为朋友的胸襟和谋略就是希拉里能够成为美国历史上第一位女性总统候选人的重要原因吧！

那么，为什么赞美对手是将他变成朋友的最好方式呢？

心理学家阿伦森曾做过这样一个实验。实验安排被试同伴用四种不同情况评价被试者：第一，始终是肯定的评价；第二，始终是否定的评价；第三，先肯定后否定的评价，否定程度和第二种情况相同；第四，先否定后肯定的评价，肯定程度和第一种情况相同。然后在这四种情况下分别问被试者对同伴的喜欢程度如何。结果，被试者对于原来否定自己而最终变得肯定自己的交往对象喜欢程度最高，明显高于一直肯定自己的交往对象，而对于从肯定到否定的交往对象的喜欢水平最低，大大低于一直否定自己的交往对象。

这就是人际交往的"增减原则"，即人们最喜欢那些对自己的喜欢、奖励、欣赏不断增加的人或物。心理学家指出，人们在交往过程中首先是把自我价值放在第一位的。每个人都有自我价值保护的需要。这种自我价值保护从静态的角度分析，就是体现在人际交往中的交互性原则，即人们喜欢的是喜欢自己的人，而厌恶的是厌恶自己的人。如果从动态的角度分析，就是体现在人际吸引水平的增减原则，即人们最喜欢的是对自己的喜欢水平不断增加的人，而最厌恶的是对自己的喜欢水平不断减少的人。

公开赞美对手，除了可以征服对手，还可以征服听到这个赞美的人。就如卡夫卡所说的"善待你的对手，方尽显品格的力量和生存的智慧"。面对对手，特别是击败你的对手，失败者往往更多地关注自己"吃了一堑"，却鲜有人能够像希拉里那样思考：如何在"吃一堑"的同时"长一智"。这也为希拉里赢得了更好的名声和更多的拥护，从这一点来说，她是最成功的失败者。

其实真正的竞争是温柔的，很多时候，赞美对手比诋毁对手更有力量。本杰明·富兰克林说："不要诋毁任何人，即使他有很多众人皆知的缺点，那你也要尽量找出一些优点来。"赞美你的对手，用你的人格魅力打动对方，也向你的梦想靠近一步。

世界上任何事物都是既对立又统一的，对立统一规律存在于一切事物的发展、变化之中，解决问题要抓住矛盾的主要方面。对人际交往而言，人与人之间也是对立统一的，既相互对立，又相互依赖。你与最好的朋友之间也有对立面，与最仇恨的敌人之间也有依赖面。其实，只要你不把别人看成对手，别人也不会与你为敌，以免"惶惶不可终日"。用赞美把对手变成朋友，更有利于人生旅途的顺利和精彩。

# 一句"对不起"很重要

　　唇齿相依就会有牙咬着肉的时候，与人交往时自然也难免闹些矛盾，这是很正常的现象，关键问题是发生矛盾后怎样解决。其实，一句非常简单的"对不起"就可以解决很多麻烦事，说它是化解矛盾的灵丹妙药也不为过。

　　一只狮子不经意间闯进一间四面镶着镜子的屋子，它突然看到很多狮子同时出现。这只狮子大吃一惊，之后便开始龇牙咧嘴，发出阵阵低沉的吼声。镜子中的狮子看起来也非常生气，每只狮子都开始怒吼。这只狮子看到后吓坏了，它惊慌地开始奔跑，一直到体力透支，倒地死亡。

　　这个故事正是我们生活的一个折射，假如这只狮子肯对着镜子表示友善，情形就会立刻改观，镜子里的狮子必然会回报它相同友善的动作。而当我们对别人主动表达心中的善意时，情形一定会有所改善。人际交往本就有这个规则——你敬我，我才敬你，而说"对不起"则是尊重别人的体现。

　　在社交时学会向人道歉，是缓和人际关系紧张的一剂灵药。比如在公共汽车上你踩了别人一脚，一句"对不起"就能化解对方的不快。可是如果你什么都不说，就不要怪别人火气往上蹿了。

有人说："我也不是故意踩他的，为什么要道歉？"首先，你应该明白，道歉是一种有修养的体现，一句"对不起"能表达出你的悔意，使受到伤害的人感到一丝安慰。另外，无论你有什么原因，你的行为都给别人带来了一定的麻烦和痛苦，你应该对此负责。"对不起"是在请求别人的谅解。有些年轻人火气太大，经常是明摆着自己错了还不认账，甚至强调别人不对的地方，这着实让人恼火。于是，我们经常看到人们为了鸡毛蒜皮的小事就大打出手的情景。事实上，当时只要真诚地说句"对不起"，结局将是很愉快的。有诚意地说句"对不起"是你为自己的过失付出的代价。在道歉时，一定不要先辩解，在别人看来这样其实就是在推脱责任。这时，即使后面补上"对不起"，也是没有诚意的，这样道歉没有任何意义。

"对不起"是能缓和气氛的最佳话语。"人非圣贤，孰能无过"，傻瓜都知道为自己的行为辩解，可是那往往只会让事情更糟。所以不如坦然地说声"对不起"，它表示着忏悔和尊重，同时也是勇气和责任的象征。

有一次，张明手中拿着一份报告，谦逊而有礼貌地对老板说："这是您让我写的下个月的计划方案，我写了3个，也详细地写出了它们的利弊。您看实施哪个方案比较好？"这时，老板居然勃然大怒，拍着桌子对他喊道："你究竟选定了哪个方案？为什么不把自己的想法告诉我？是不是不想承担责任？"张明听后吓了一跳，他委屈地想：就是让您拿个主意，至于这么生气吗？真是不可理喻。看张明张着嘴欲言又止的样子，老板更加生气地大吼："你还不服气了，公司养你们是做什么的！"张明捏了一把汗后，做了一个出乎自己意料的决定，他对老板轻声说："对不起。"老板听后，马上闭了嘴，火气也消了，他对张明说："你先拿回去做个选择再给我看吧。"

无论是什么事，只要是出了问题，其中固然有很多原因，可是问题的关键在于这件事是谁办的谁就该负责。也许老板的态度是有些问题，可关键问题还是在于张明开始时没有主见。如果他再一直强调原因，难免让老板感觉他是自己给自己开脱责任。这时他做了正确的选择，"对不起"既简单又表示了歉意，对方便不能发火了。俗话说："杀人不过头点地。"一般只要选择道歉，对方也就会放你一马。其实，如上文中的张明一样，即使错误不是你一个人的，要想息事宁人，也最好先说声"对不起"。这样就能避免双方进入备战的气氛，以后的事情也就好办多了。

"对不起"，本来是很简单的一句礼貌用语，但并不是谁都会说的。衷心地说声"对不起"不仅能弥补破裂的关系，还能够增进感情。说"对不起"的方法主要有以下几种。

（1）不要认为说"对不起"是耻辱的。"对不起"是真挚和诚恳的表现。即使是大人物，也是懂得道歉的力量的。丘吉尔开始对杜鲁门的印象不好，可是后来他告诉杜鲁门，说开始的时候低估了他，这是以赞美的方式表示歉意。

（2）该道歉的时候立刻道歉。说"对不起"要及时，犹豫不决会失去道歉的良机。"对不起"越拖延越难以启齿，有时甚至会令人追悔莫及。如果你觉得某人得罪了你，却迟迟没致歉，你是不是会闷闷不乐呢？对方和你的感受也一样。

（3）除了要在口头上道歉以外，更重要的是在行动上弥补过失。

在开会前，公司都会配给出席者一份资料，可是有一次开会时，却漏印了一部分资料，而这个错误是因为负责复印的李明忽略导致的。虽然这部分资料对会议的进行不会造成什么大的阻碍，可是李明将会受到领导的批评是毋庸置疑的。

但是，结果领导并未对李明进行过多的指责，只是因为李明对领导说："对不起，请您把资料再借我一下，我想重新复印一份。"过了一会儿，他把完整的资料拿给了出席会议的人。

领导因此对李明的能力重新做了肯定。李明不仅道歉了，而且他想办法补救的态度让领导感觉他有强烈的责任感，所以领导对他的印象很好，没有过多地批评他。

即使我们再小心对待，也难免有犯错误的时候。此时，对于所犯的错误，及时道歉并弥补才能获得对方的原谅。当然，前提是你一定是真诚的。

另外，"对不起"还可用于其他场景，它同样会使你受益。比如在别人给了你一点方便和照顾时，哪怕这种照顾和帮助是对方分内的事情，你也应该说："对不起，给您添麻烦了。"在社交场合，需要麻烦别人时，说句"对不起，您能帮我……"能体现出一个人的谦虚及修养。现实中同样有很多人不擅长道歉，但是想在社会上生存，想拥有真正的朋友，我们都必须学会道歉。掌握好道歉的学问，正确地使用道歉技巧，将使你的人生充满阳光。

1. 了解自己错在哪里

考虑一下自己到底在哪里出了错，伤害到了他人。清楚地认识到错误并做有针对性的道歉效果会更好。

2. 敢于承担责任

有效的道歉不是一种为自己狡辩的伎俩，更不是要去骗取别人的宽恕，你必须要有责任感，勇于自责，勇于承认过失，才能够真心地道歉。

3. 用清楚和正确的文字，而非煽动性的文字

通常，受伤害者要的，无非是你承认错误，并且表明以后不会再发生此类伤害。因此，如用文字去道歉时，须注意：过多情绪性的字眼，并没有帮助。道歉的重点在于：发出清楚、直接、诚恳的道歉信息。

4. 思考道歉的角度

道歉可以用角色对角色，或个人对个人的方式进行，看哪种状况比较容易。举例来说，公司里两位主管在语言上起了冲突，如果一方仍然对对方心中有气，可以站在职位角色的立场，向对方表达："我们都在一家好的公司工作，我应该要更了解我们之

间的差异。我很抱歉先前讲话很粗鲁。"这么一来，即使对方仍然余怒未消，但对立气氛已经比较缓和。

5. 直截了当的道歉

某件事做错了，某句话说错了，可以开诚布公地直接向对方道歉。可以用"对不起""我错了"等话向对方道歉，这种真诚坦白的态度容易得到对方谅解。

6. 如果你觉得道歉的话说不出口，可以用别的方式来代替

一束鲜花可使前嫌冰释；把一件小礼物放在对方的餐桌上或枕头底，可以表明悔意，以示爱念不渝；大家不交谈，触摸也可传情达意，这就是所谓的"此时无声胜有声"。

7. 请别人代你道歉

如果自己不便于出面，可求助于第三者。可以将自己的歉意暗示给你们双方都熟悉的另一位朋友，请求他为你向对方道歉。

8. 夸大自己的过错

你越是夸大自己的过错，对方越不得不原谅你。

9. 采取补偿的具体行动

给对方送点小礼物，请对方一起吃饭等都不失为好办法。具体行动更能表现出你的诚意。

10. 赞美对方心怀宽大

大多数人受到赞美后，都会不自觉地按赞美的话去做。

11. 用书面道歉

有时光嘴里说"对不起"是不够的。写在纸上比嘴里说得更

有分量。你可以给对方写一封道歉的信或 E-mail、微信等，表达你由衷的歉意。这种不见面的交谈既可以达到道歉的目的，又可免去一些难堪的场面。

12. 给对方发泄心中不快的机会

让对方骂你，将心中的怒气发泄出来，是挽回友谊的好办法。否则不满淤积在胸中，数年不散，你与对方将永远难修旧好。

13. 改正错误获得原谅

有些过失并不是通过向对方表达歉意就可以获得原谅的，在向对方表达歉意的同时，付诸改正过失的实际行动，往往是最真诚、最直接并且最有说服力的。

要认清道歉的意义和作用，不要以之为耻，该道歉时就要及时道歉。当然，如果你没有做错什么，就不能毫无原则地道歉，要区分深表遗憾和道歉的区别。

# 第5章

## 做好关于面子的文章

在人与人的交往中，有些面子不得不给，有些面子不得不要。丢了面子会有损颜面和尊严，给人面子就是尊敬和敬重对方。

## 给他人一个台阶

赠人"玫瑰"定律告诉我们，我们每个人都是个性很强的独立体，给别人一个台阶下，这是一朵无形的玫瑰，但却同样能留下芬芳。

生活中很容易遇到一些难缠的事，我们在寻求摆脱时，应该学会多为对方考虑，这样既给人以方便，又能巧妙表达自己的意见，给双方都保留了圆融的余地。当你很尊重别人的时候，人家会还你以同样的尊重。

一位丈夫请妻子到餐馆吃生日餐，有道菜是"蚂蚁上树"。可端来的菜盘里只有粉丝不见肉末。妻子故作不知，问服务小姐："服务员，这道菜叫什么？"服务小姐仔细一看，不好意思地回答："蚂蚁上树。""怪了，怎么只见树不见蚂蚁？"妻子有些得理不饶人。面对一声高过一声的质问，服务小姐十分窘迫。丈夫见状，马上接过话来："老婆，大概蚂蚁太累了，还没爬上来。服务员，麻烦你跟老板说一声，赶紧给我们换一盘爬得快的蚂蚁。要知道时间就是生命呀。"服务小姐如释重负，赶紧为他们换了一盘名副其实的"蚂蚁上树"。这位丈夫真是善解人意，他的话幽默风趣而又大度，既缓解了紧张的气氛，又让双方都找到了体面下台的契机。妻子听了他的话，会心地展颜一笑；服务小姐呢，则带着感激的心情，想办法补偿过失。这样机智处理问题的人，才是睿智成熟的交际高手。

每个人都有强烈的自尊心和虚荣心，都会注意自己社交形象的塑造。在这种心态支配下，如果让人下不了台，他会对你产生比平时更为强烈的反感。同样，因为你为他提供了"台阶"，使他保住了面子、维护了自尊，他会对你更为感激，产生更强烈的好感。你给了别人尊重，就会获得加倍的尊重。

让人下不了台的事大多发生在人们料想不到的时候，但是，只要能及时转换角度、巧说妙解，不但能给自己找个台阶，甚至能给生活增添某种乐趣。有一对夫妻因小事争执不下，在家吵闹不休。正当妻子向丈夫做狮吼状时，有一对朋友来访，丈夫尴尬得无地自容。好在妻子也顾及丈夫的面子，看朋友到来连忙改变口气。但对丈夫来说，终究一时无法从窘境中摆脱。朋友见状，笑着说："听你俩交流还挺热烈，我来的可真不是时候啊！"此话一出，其妻先红了脸，无语离去。其丈夫马上调侃地对朋友说："打是亲、骂是爱，我们刚才是在打情骂俏呢！别看她刚才那么凶，其实正表示她对我的关心，不信你问她。"这时他妻子从里屋出来也与朋友打哈哈，争吵便化为云烟。

一位顾客去西装店退西装。售货员发现西装有洗过的痕迹，但她没有揭穿，而是给顾客寻求了一条免于难堪的退路。她说："可能您家人不小心搞错了，把这西装送去洗了。我也有类似的情况，有一次，我外出时洗衣店的人来了，我丈夫稀里糊涂地把一大堆衣服让人抱走了。和您一样，不是吗？您看，您的衣服上面有洗过的痕迹。"顾客听了无话可说，大概心里倒有些感激这位售货员。

这位售货员的心是善良的，因为她懂得给人一个台阶。在生活中，谁都可能有错误和失误，谁也有可能陷入尴尬的境地。因而，在指出别人错误的时候给人搭一个台阶，是为人处世时与人为善的重要表现之一。

给人一个台阶，最能显示出一个人的良好修养。只有襟怀坦荡、关心他人的人，才会时刻牢记给人一个台阶。在受到伤害时，许多人都会与对方针锋相对地吵闹一番，这样只会两败俱伤。

## 切勿轻视老前辈

自命不凡的人总是过高地估计自己的实力，过低地估计别人的智慧。他们认为谁都不如自己，他永远都是正确的，高高在上的。有的人拥有了较高的学历，就自以为才高八斗，尢人可比，对于工作生活中的一些事情，往往不懂装懂，自己也因此吃亏。

有一个博士，他毕业后被分配到一家研究所里，成为这家研究所里学历最高的人。一天，博士饭后到单位后面的小池塘去转悠，巧得很，正、副所长在他的一左一右，正在安静地钓着鱼。

"听说他们两个也就是本科学历，没啥好聊的。"这么想着，博士只冲两人微微点了点头，就径直走开了。不一会儿，正所长放下钓竿，伸了伸懒腰，突然蹭、蹭、蹭从水面上飞也似的跑到对面上厕所去了。

博士的眼珠子睁得都快掉出来了："水上漂？不是吧？这可是一个满是水的池塘呀！"正所长上完厕所后，又蹭、蹭、蹭地从水上漂回来了。

"究竟怎么回事呢？"博士刚才没去打招呼，此刻也不好意思去问，毕竟自己是个博士嘛，随随便便就向人请教，成何体统，还是静观其变吧。

过了一阵，副所长也站起来，磨蹭了几下，也迈步蹭、蹭、蹭地漂过水面上厕所去了。

这下博士更是诧异不已："不是吧，难道是到了一个江湖高手云集的地方？"

赶巧了，博士也内急起来。这个池塘两边有围墙，要到对面上厕所起码得绕十分钟的路，而回单位上又太远了，如何是好呢？

矜持的博士也不愿意去问两位所长，憋了老大一会儿后，终于鼓起勇气，也起身往水里跨，心里还不断给自己打气："我就不信这些个本科生学历的人能过的水面，我做博士的倒过不去了！"说时迟那时快，只听见"扑咚"一声，博士一抬脚便栽到了水池里。

两位所长见状，赶紧跑过去将博士拉了出来，问他为什么急匆匆要下水。博士有理了，反问道："你们怎么就可以走过去呢？就我掉水里了？"

两位所长听到这个问题，扑哧一声，情不自禁大笑起来，其中一位回答道："这池塘里本来有两排木桩子可以让人过去的，因为这两天下雨涨水，桩子被水淹没了。我们走得多了，自然都知道这木桩的位置，所以可以任意踩着桩子过去。你不了解情况，怎么也不问一声呢？"

一个人建功立业的前提和基础就是以谦逊的姿态处世。不论你从事何种职业，担任什么职务，只有谦逊，才能保持不断进取的精神，才能增长更多的知识和才干。因为谦逊的品格能够帮助你看到自己的差距，永不自满，不断前进，也可以使你能冷静地倾听他人的意见和批评，谨慎从事。否则，骄傲自大、满足现状、停步不前、主观武断，自己就会受到更大的损失。

新人毕竟是新人，说得再头头是道也难免显得稚嫩。中国人向来遵奉"老马识途"的精神，那么听听老前辈的经验总是不无裨益的。

新人当然都希望好好做事，发挥能力，与同事处好关系，但新人常犯的错误是容易孤立地看问题，只注重眼前的事，却不能将这些人或事与整个系统的平衡和目标联系起来，放在系统的背景下去考虑。换言之，新员工只有系统地看问题，才能处理好新、老员工的关系。

郝军是个很优秀的企划人才，也很幸运，刚毕业便被招聘进一家大型国有单位从事企划工作。他所在的企划部门里共八个人，从主管到科员，除了郝军之外其他人都未学过正规化的企划专业。郝军到此，自然意气风发，一系列高效率、高质量、高创意的"企划"，把所有的人都比得相形见绌。大家嫉妒郝军的才华，更看不惯他那旁若无人的样子。于是他们一起对外放出风声，说郝军是个理论脱离实际、没有一点实践经验的人，他做的企划没有一点实用价值，只是纸上谈兵，如果按照他做的企划安排工作，非毁了企业不可，等等。于是连经理、总经理都认为郝军是一个没有实用价值的人。

在众多老同事的排挤中，郝军在单位一直不得志，最后只好辞去工作另谋出路去了。

这样的故事并不稀奇，每个单位都会有，每个有才干的人也都会碰上，只是轻重有别，情节不同罢了。

新人的才干和锐气，往往会威胁到一些"老前辈"的生存空间，所以他们"团结"起来，保卫自己的利益，而保卫自己利益最好的方法就是把新人赶走。

在一个单位里，经过长时间的互动，个人与个人之间，部门与部门之间，自然也会形成一个"生态圈"，彼此共生共存。作为一个新人，一来就想改变这种情况自然会成为"公敌"。

因此，不管你才干如何，初到新的环境，必须要有"莫扰乱该地生态圈"的认知。具体的做法不外"客气、谦虚、内敛"六个字。

谦逊低调的人不会装模作样、摆架子、盛气凌人，能够虚心向大家学习，了解身边同事的情况。新员工对待资深同仁，要以敬重、真诚的态度对待。

作为一个初入职场的新人，尤其是在历史较久的公司，往往有元老级同事，元老的资格是不容易得到的，他工作的年限长，所担任的职务高，在公司中始终是重心所寄托的人物。元老的工作经验比他人丰富，在这个公司中，他更是一部活的历史，一切过程，他知之最详，往事历历，如数家珍：某事如何成，某事如何败，此中曲折无不明晰，而一种事业的演变，及如何演变成功以致有现在的局面，自有一连串的因果关系，以后的形势如何，不难于演变中得其梗概。元老不但是一部活的历史，也是今后工作的指南针。

假如你想到某种地方，想对某种事有所改进，谁知你所提出的方案，正是他从前实施过的，行不通的理由何在？也唯有元老能够根据经验，做出分析和解说，虽然他主张比较缓和，而稳健、老成持重这个特点唯元老当之无愧。基于这种特点，你对于元老的指示，要表示诚敬的接受，使元老对你产生好印象，然后你才可以从他那里获得很多宝贵的经验，这些经验是书本上所读不到的，如果要亲自去摸索，也须花上几十个寒暑的光阴。

如果取得元老的信任，你就掌握了一个基本要素。元老如果能信任你，他在这个公司里是一言九鼎，他肯说句好话，对于你是有莫大的帮助的，同事器重你，老板也器重你了，只要你真有才能，有真实的成绩拿出来，机会一到，自能一跃而起，扶摇直上。

## 关键时刻莫拆台

捧场是对别人的支持，懂得为别人"捧场"的人多是有智慧、有"心计"的人。给别人"捧场"，实际上是对别人的成功及其艰辛的过程予以肯定和鼓励，同时也是自己与人为善的展示，会为自己赢来更多的人缘。

但是，生活中我们常常遇到这样的事：你正兴高采烈地讲着一件事，突然有人讲了一句极不恰当的话，让原本和谐的气氛来了个急速大转弯，那个言语不慎的人令在场所有的人瞠目，令当事人尴尬，同时也会让自己陷于难堪的境地。这样的人往往爱把不该说的话无所顾忌地说出来，因而他们会不时地尝到"失败"的滋味。

有一次，在解放军总后勤部的创作笔会上，请了大作家邓友梅先生来讲课。老先生的大半生是在部队里度过的，写了很多以军队为题材的作品。这次来部队讲课，台上台下气氛都很热烈。中午吃饭的时候，大家纷纷向邓老先生敬酒，说着赞誉的话，双方都很高兴。但当一名业余作者上前敬酒时说："邓老师，看你都七十多岁了，还出来给我们讲课。"只这一句话，就把大家的高兴劲儿扫没了。其实说话者只是一种朴实的心理，但这话实在让人难以接受。不说邓老先生非常健康、声音洪亮、精神饱满，年纪也还没过七十岁，就是过了七十岁，也不是就不该出来讲课呀！这位业余作者的一句话就像一盆冷水，把酒桌上那种热烈的气氛给浇灭了，包括邓友梅先生在内，大家一时间都感到尴尬万分。

这虽属无心之过，但确实给人们留下了不良印象。人生需要掌声，不管是别人的还是自己的。因而，在公众场合，要时刻注意自己的言行，切忌有口无心。我们不妨就把帮助和赞许别人的表情挂在脸上，多给别人"捧场"。

如果一个人的长处得到别人的肯定，自我价值得到确认，就会在心里产生认同感。产生认同感、亲和感是别人接受你的前提。

法国总统戴高乐1960年访问美国，为了欢迎他，在尼克松安排的欢迎宴会上，尼克松的夫人费了很大的心思，布置了一个非常华美的鲜花展台，在一个马蹄形的桌子中央，主人用色彩鲜艳的鲜花衬托着一个精致的喷泉。戴高乐将军由衷地称赞道："女主人为举行一次正式宴会要花很多时间来进行这么漂亮、雅致的计划和布置，真是感谢呀。"尼克松夫人听后，非常惊讶和高兴，她说："大多数来访的大人物要么不加注意，要么不屑为此称赞女主人，而他总是想到和讲到别人，让人非常感动。"在以后的岁月中，不论两国之间发生什么事，尼克松夫人对戴高乐将军始终保持非常好的评价。

我们一踏入社会，应酬的机会就多了，这些应酬包括去人家做客、赴宴、会议及其他聚会等。不管你对某一次应酬满不满意，"场面话"一定要讲，套近乎的话一定要会说。什么是"场面话"？简言之，就是让人高兴的话。既然说是"场面话"，可想而知就是在某个"场面"才讲的话，这种话不一定代表你内心的真实想法，也不一定合乎事实，但讲出来之后，就算听者明知你"言不由衷"，也会感到高兴，不说反倒是不通人情世故了。

聪明人懂得"场面之言"是日常交际中常见的现象之一，而说场面话也是一种应酬的技巧和生存的智慧。在人世间生存的人都要懂得去说，习惯于说。为此，必须明白说话，尤其说场面话的进退之道，力求做到以下几点。

（1）当面称赞他人的话——如称赞他人的孩子聪明可爱，称赞他人的衣服大方漂亮，称赞他人事业有成，等等。这种场面话所说的有的是实情，有的则与事实存在相当的差距，有时正好相反，但是这种话说起来只要不太离谱，听的人十有八九都会感到高兴，而且旁边的人越多他越高兴。

（2）当面答应他人的话——如"我会全力帮忙的""这事包在我身上""有什么问题尽管来找我"等。这种话有时是不说不行，因为对方运用人情压力，如果你当面拒绝，场面会很难堪，而且当场会得罪人。对方缠着不肯走，那更是麻烦，所以用场面话先打发一下，能帮忙就帮忙，帮不上忙或不愿意帮忙再找理由，总之，有缓兵之计的作用。

所以，在很多情况下，场面话我们不想说还不行，因为不说，会对你的人际关系造成影响。

说"场面话"的"场面"当然不只是这些，不过我们一般都离不了这些场面。至于"场面话"的说法，也没有一定的标准，要看当时的情况决定。不过切忌讲得太多，点到为止最好，太多了就显得虚伪而且令人肉麻、反感，这也就是说场面话的火候与分寸掌握的问题。

做人要学会看情况说场面话，场面话说得恰到好处，便可以轻易赢得对方的好感，双方关系也就会在无形中拉近了。

## 贬低他人的行为不足取

在交际应酬中不会适当抬高自己的人，很难获及高质量的交际效果。善于交际应酬的人，总是尽量把自己的长处呈现于朋友同事面前。比如，伶俐的口才，渊博的学识，温文尔雅的举止，典雅的服饰，都会给人带来一个良好的交际印象。所谓抬高自己，在一定意义上说就是努力表现自己。

表现自己本是无可厚非，但用旁若无人的高谈阔论、矫饰的表情、夸张的动作来表现自己，就会使人产生反感。有些人为了充分地显示自己的高明和非凡的价值，因此往往喜欢找参照物，自以为通过贬低他人，自己的高明和非凡的价值就会充分地表现出来，实在是不可取。

小唐与李力同去某地出差，采购一种公司急需的物资。他们到某地时，当地已无货供应，必须再等一个月才能有货。于是，小唐与李力空手而归。可是在向领导汇报时，李力竟对领导说："就是年轻人，也不能总是贪睡啊，那天早晨如果小唐早点起来，我们可能就买到货了。"小唐说："本来就没有货了啊，这与起早起迟有什么联系呢？"领导连忙批评小唐说："小李说得对啊！你应该接受，以后改正啊！"小唐听了领导的批评只有无可奈何地叹气，还有什么可辩解的呢？不过从此以后，小唐对李力就敬而远之了。领导再派他与李力一道出差，他都借故推辞。

由于李力这样贬损小唐，势必给小唐带来思想上的不愉快。因为这种贬损与实际差距很大，实际上是对别人工作的一种主观的否定，所以一旦给别人带来思想上的不愉快，还会严重地影响他人的正常的思想情绪。另一方面，贬损的言辞还有可能被一些别有用心的人所利用，作为攻击或整治他人的材料，势必破坏彼此之间团结和谐的人际关系。

如果对他人心怀不满，不惜损害自己的人格去攻击别人，或者"横挑鼻子竖挑眼""鸡蛋里挑骨头"，或者造谣生事，竭尽诬蔑诽谤之能事，那么，其结果既损害了我们的事业和同事的感情，又"搬起石头砸了自己的脚"。这样，不但没有抬高自己，相反还会被人憎恶、唾弃，让人看不起，使自己难以在社会上立足。

表现自己和贬低别人，其表现往往是一步之差，关键在于把握一个适当的分寸。自己的身份、自己对某种技术的掌握程度，以及是否与当时的气氛和谐等都是应考虑的，在此基础上，充分发挥优势，就可能博得别人的好感。若没有这些修养，引人注目只能是虚张声势。无论什么时候，男性的油滑，女性的轻浮，都是令人讨厌的。

李秀自我感觉良好，然而在单位她的人缘并不好，因此她经常抱怨世态炎凉，责怪同事寡情。真的是世态炎凉、同事寡情吗？非也！原来是李秀自命不凡，每逢单位开会、年终考评，她都喋喋不休地贬损他人，以显示自己"崇高的思想""卓越的才能""非凡的业绩"。因此，同事们都觉得李秀太过分了，太不像话了。于是大家都不买她的账，她陷入了孤家寡人的境地。

显然，李秀人缘不好，其原因在于她总喜欢贬低他人，抬高自己。在现实生活中，像李秀这种人为数并不少。

贬损他人抬高自己是一种损人不利己的行为，在贬损他人的同时，也是在伤害对方的自尊心。有这种癖好的人，在抬高自己贬损他人时，根本没有意识到对方的感受与对你的看法，只顾自己享受虚荣心得到满足后的喜悦，殊不知，摒弃、孤立早已为你挖好了陷阱。

其实，真正有能力的人不必吹嘘自己的成就，他的行动就可以表明一切。吹嘘和夸口其实意味着他并不真正了解自己，也不能正确认识自己在世界上的价值。人们往往会注意到，有些人总是冷眼旁观，等待着事情发生；有些人则心怀好奇，猜测着有什么事会发生；另外，有种人则会身体力行，促成事情发生。要尽量做最后这种人，要以行动表达一切，向别人证明你的能力，这比光说不做更能赢得别人的钦佩。信口开河很容易，但终究不能证实你的能力。

既要显现自己，又不贬低别人，这一点，在与同事交往中尤其重要，主要体现在，自己努力上进，更欢迎别人超过自己。当别人奋发向上的时候，当别人已经超过了自己的时候，要对别人持一种欣赏、羡慕的正确态度，并且满腔热忱地帮助同事成长进步。

当你周围的人在某一方面做出成就时，你应该给予适当的赞扬，而不是对其成就进行有意无意的贬低。即使你周围的人工作能力平庸，你也不要贬低。否则，不但使你们的交往不成功，还会激起矛盾，甚至变成仇恨。

## 给对方留足面子

有句话叫"士可杀不可辱"，说的就是面子的问题，可见面子问题是一个既严肃又严重的问题，给别人留面子尤其是在公众场合是为人处世起码应该有的尊重。人都有争强好胜的心理，所以大多数人都总想在别人面前站得高一点，其实这是做人的一大禁忌，有"心机"的人懂得恰当地保住别人的面子就是给自己加分。年轻人都喜欢争强好胜，自以为有知识、有见解，一旦看到别人的短就马上书生意气、挥斥方遒一番，非要争出个高低上下、胜负对错。其实很多时候，对和错是没有很大意义的，在相比之下，保住别人的面子更重要。

更有一部分人自以为有创业的魄力，生意小有成就，就为自己的能力沾沾自喜，觉得自己有见解，有眼光，有口才。他们生怕没有机会表现自己，逮到机会就滔滔不绝，把别人批评得一钱不值。有的甚至不惜贬损别人来提升自己，根本就没有"给别人面子"的意识。别人的面子被丢光了，非讨回这口气不可，甚至会和你拼命。其实你这种举动是在为自己的祸端铺路，堵自己的生意。

总之"给别人面子"已成为为人处世的重要原则。人在社会中谋求生存，就应该明白给别人留面子的重要性。在为自己争面子的同时，你也要学会给别人留面子。

李平刚进公司不久，一次一个同事让他帮忙打印报表。李平想这正是个学习的好机会，于是仔细研究起来。过了一会儿，他发现其中有一个数据算错了，不由得大声喊道："快过来，你犯了个大错！"当时，办公室所有人都朝这边看过来。接着，那个同事便板着脸从李平手里夺回报表，若有所指地说道："新来的小伙子就是聪明能干啊！一眼就能瞧见错误，真了不得啊！"说得李平的脸一阵儿红一阵儿白。

　　李平原以为给同事指出了错误，同事会对他感激不尽，没料到会是这样的结果。不但如此，李平往后的日子也很不好过，那位同事总是紧紧盯住李平工作中的差错，稍有错误就让李平拿回来返工，李平为那次得罪同事的事很后悔。

　　虽然事情过去了很久，那位同事还是心存芥蒂，李平没想到一句话为自己惹来那么大的麻烦。李平现在算是明白了："要不是当初当着众人的面出同事的丑，要不是当时大惊小怪，如果能私底下心平气和地和同事交流，就不至于弄成这个样子了。"

　　为什么李平的批评会造成这样的结果？原因非常简单，因为你伤害了别人的自尊心。

　　每一个人都有自尊心，即使他们是在犯错的情况下，也别以为他们错了，你就可以随意地数落他们。须知，在自尊和人格上每个人都是平等的，你如果不顾及他人的自尊，把他们逼急了，他们也会反过来刺伤你的自尊与尊严。

　　不要自以为驳掉别人的错误是一件助人为乐的事，其实那是伤害别人自尊心最愚蠢的行为。因为"面子"哲学的潜在含义是，除非迫不得已，绝不首先动手。

　　做足人情，我们需要学会点到但不点破的技巧。

　　光绪六年（1880年），慈禧太后染上怪病，御医天天进诊，日服良药，竟不见好转。两江总督刘坤一荐江南名医马培之进京宫诊。马培之，字文植，在江南被人誉为"神医"。于是一道圣旨从北京下到江苏，征召马培之进京。马培之家乡孟河镇的人无不为马氏奉旨上京而感到自豪，可是年逾花甲的马培之却是欢喜不起来。他自忖：京华名医如云，慈禧太后所患之病恐非常病，否则断不会下诏征医；既然下诏征医，可见西太后之病乃非同小可。此去要是弄不顺，只怕毁了悬壶多年所得的盛誉，还可能会赔上老命。七月底，马培之千里跋涉抵达京都，即打探西太后之病况。其时，关于慈禧之病传说纷纭，有人传是"月经不调"，有人说是"血症"，还有一些离奇的传说。马氏拜会了太医院的御医，先做打探，却不得要领，心中不由十分焦急。后又连日访问同乡亲友，最后还是一位经商的同乡认识宫中一位太监，请这位太监向西太后的近侍打听慈禧患病的真实起因以及有关宫闱之秘。果然，从这条黄门捷径传出了消息，使马培之大吃一惊：慈禧太后之病乃是小产的后遗症。慈禧早已寡居多年，何能小产？马氏吃惊之余，心中已明白了大半，也自觉心安了许多。

会来事儿的人，一般都有个好人缘，但这不等于说会来事儿的人不讲原则、不讲立场，或者一味地好、好、好。恰恰相反，会来事儿的人是因为其心明眼亮，嘴巴严实、乖巧，才格外受到别人尊重。

另外，善做"面子"工作的人，既要照顾到对方的"面子"，还要考虑到自己的面子。最关键的是"涂脂抹粉"一定要自然，不留痕迹。

一天，马培之在太监的带领下，不知拐了多少宫巷，跨过多少条门槛，终于来到了金碧辉煌、侍卫森严的体元殿。只见40

123

多岁的慈禧太后，脸上虽然涂着很厚的脂粉，却难掩那血亏的面色。西太后先询问马氏的籍贯、年庚以及行医经历的一些细节，然后由太医介绍圣体病况。

当时在场的还有京外名医薛福辰和汪守正等人，于是由薛、汪、马三医依次为西太后跪诊切脉。诊毕，三位名医又各自开方立案，再呈慈禧太后。只见老佛爷看着薛的方案沉吟不语，再阅汪的方案面色凝重，此时三大名医莫不紧张，无不沁出冷汗，但当太后看了马的方案后，神情渐转祥和，金口出言："马培之所拟方案甚佳，抄送军机处及亲王府诸大臣。"众人听罢，心中的石头落了地，而马培之更是欢喜。马培之对慈禧太后的病因本来已心中有数，再切其脉，完全暗含产后血症。

马培之在其方案上只字未敢言及妇产的病机，只做心脾两虚论治。而在方药上却是，声东击西，用不少调经活血之药，此正中慈禧下怀。西太后本来对医药就素有了解，见马之方案甚合己意，这是因为医生开的药方要抄送朝中大臣，所以必须能治好病，又可遮私丑、塞众口，马氏的药方正符合这两种要求。另两位名医的方案虽然切中病机，脉案明了，在医术上无可挑剔，但免不了投鼠忌器而不中老佛爷的心意。

后来，慈禧服用了马培之的方药，疾病渐愈，一年后基本康复。马培之本人也深得慈禧信任。但是无论是在京还是返归故里，马培之对慈禧的病始终守口如瓶。

这很说明问题：一个人如果眼睛不管事，无论什么时候都看不出门道来，便没人会重视你；但如果你眼睛太管事，不论什么事总能看出个门道来，而嘴巴没个把门的，则更容易得罪人。所以会来事儿的人，一般都是点到但不点破，这样才容易使对方既畏惧你，但又不得不敬重你。只有这样你才能获得你所希望得到的东西。

面子问题很微妙，只能意会不可言传，但是有两大点必须注意。

（1）不要做有伤别人面子的事情。比如，不要当面羞辱人，尤其不要进行人身攻击；不要当着众人揭露别人的过错；即使你是"强龙"，也不要管"地头蛇"的事；不要意气用事羞辱别人的手下；输赢场合，不要赢得太多；不要抢别人的风头、功劳和机会……总之，要时刻想着对方，尊重对方，不管对方是大人物还是小人，这样可以避免你的人际关系出现问题。

（2）主动做面子给对方。比如，替对方在别人面前说好话；主动祝贺对方高兴的事；适度地吹捧对方；圆满及时地化解对方的尴尬……如果能想着为对方做点什么让他更有面子，这样就可以帮助你积极地建立良好的人际关系。

俗语说："树有皮，人有脸。"所谓的脸，就是一个人的自尊。领导者在批评下属时，一定要注意不能伤害下属的自尊心。当然，不同的人有不同的性格，对于批评，每个人自尊心的敏感程度也不一，因此要视不同情况，采取不同方式批评。

伤人面子，等于触及了人最敏感的地带。某个人在公开场合丢了面子，这说明别人对他个人的能力乃至人格都产生了怀疑。

因此，无论是谁身处此境，最先的反应肯定是怒火中烧，而不是去分析面子丢得应不应该、合不合理，因为你无法要求一个已经情绪化的人理智。

一个不屑的眼神、一种难听的腔调、一个不怀好意的手势，都有可能带来灾难性的后果。不要以为你的看法别人会赞同，他真正会记住的是你否定了他的智慧和判断力，打击了他的自尊心，伤害了他的感情，你对他充满了敌意。即便他很得体地将这件事掩饰过去，但感情上的愤怒依然是存在的，他一定会找机会扳回来的。

因此一定要懂得"面子"的重要性，否则处理失当会对你的人际关系和事业造成很大的困扰。胸怀大度的人，甚至会给敌人留面子，因为没有永远的朋友，也没有永远的敌人。有时候给敌人留点面子，其实是给自己留条后路。这也就是很多老于世故的人不轻易在公开场合批评别人的缘故。

事实上，给人面子并不难，有的时候其实只要说几句恰当的话就可以了。只要你不头脑发热，三思而后行，处理面子的事就会容易多了。

## 不要看别人的 "笑话"

在人与人的相处中，要秉承一个至关重要的原则，那就是互相尊重。

每当看到同事闹 "笑话" 的时候，刘飞都会告诉自己，不要幸灾乐祸，因为他的一个朋友给他讲过一个故事。

毕业的时候，刘飞的朋友刚进公司做质检，由于他做事比较认真，所以凡有瑕疵的产品都会退回去返工。而以前的那个质检恰恰是个老好人，做事情总是睁一只眼闭一只眼，以前的产品都能马马虎虎过去，那时候办公室里和和气气的。这样下来，两相对照，他的同事都对他很有意见，刘飞那位朋友没进公司多久，便得罪了不少人。

一天，刘飞的朋友早上吃了什么不干净的东西，来到公司便跑起厕所来。尴尬的事就是在这个时候发生的，当刘飞的朋友跑完第三次厕所正准备出来的时候，才发现厕所里的卫生纸没了。

"刚刚还剩那么多，怎么转眼……" 刘飞的朋友转念一想，"明白了，肯定是那帮人干的，他们不正愁没有机会下手吗？现在明摆着是报复，可现在怎么办，初来乍到，跟谁都不熟……" 急得他汗水都冒出来了。

刘飞的朋友说："不用猜，那时候办公室里的场景肯定是——那帮被返工的同事得意地打着哈哈，满脸得意地笑……"

每当他讲到这儿，刘飞都忍不住要笑。

后来过了一会儿，正当刘飞的朋友气得快吐血的时候，下面递过来一卷卫生纸，然后传来了打字员小华的声音："我也正好上厕所，刚看你跑了那么几趟，怕你不够用……"

刘飞的朋友每次提到这件事时总会说："我平时很少感激别人的帮助，不过这次例外。"后来，刘飞的朋友做了他们公司的产品经理，他的助理就是当时递卫生纸的小华。

其实，这事说起来是件小事，甚至有些不雅，不过却是很好的教材。不幸灾乐祸，不落井下石，在别人窘迫的时候帮人一把，实际上是为自己铺路。

当你的工作单位来了新人，不熟悉环境，不熟悉工作，你能帮得上的尽量多指点指点，他肯定会感激你的。即使你实在不愿意帮忙，但最起码你不要笑话别人，因为你笑话别人，终究会笑话到自己身上，而且还有一种可能是把你们以后的合作给笑没了。不妨想一想，谁没有闹笑话的时候？你若闹了笑话，希望别人看着你出丑吗？恐怕那时最希望的是让别人拉你一把吧？所以推己及人，帮助别人可以，笑话别人绝对不可以。

当你的同事因工作失误，受到了老板的批评，需要连夜加班赶工时，你不要站在一旁看笑话，因为谁也不敢保证你以后不会遇到这种情况。这个时候的举手之劳，收效会很大。当你的同事遇到了工作上的困难，如果你能帮忙，你可以大大方方过去帮帮他，也许你的一两句话就打开了他的思路，既解决了问题，又和睦了关系，这么高效而又富有意义的事情，为什么不去做呢？

如果你以前也是愿意看别人的笑话的人，那也没有关系。任何人都是难以免俗的。但是，希望你读到这篇文章以后能有所改变，毕竟，这对你是有益而无害的。

## 态度谦和才能赢得人心

有一个年轻人应邀去参加一个盛大的舞会，可是年轻人却显得心事重重。一位年长的女士邀请他共舞一曲，随着欢快的舞曲，年轻人也变得开朗起来。

一曲结束，年轻人对年长的女士给予由衷的赞美，对她的舞技大加赞赏。年长的女士听到有人这么欣赏她的长处，显得很开心。出于好奇，女士忍不住询问年轻人刚开始时为何愁眉不展。

年轻人讲出了原由，原来年轻人是一家运输公司的老板，可是由于自然灾害的原因，他的公司遭受了很大的损失，已经接近破产的边缘。年轻人已经没有多余的资金维持公司的周转了，即使想翻身也没有机会。

　　事有凑巧，年长的女士的丈夫是当地一家大银行的行长，女士很爽快地把年轻人介绍给了她的丈夫，她的丈夫随即找人对年轻人的公司进行了分析和调查，给他贷款 100 万元，帮助年轻人渡过了难关，解了燃眉之急。

　　有一条十分重要的涉及人们品行的准则，如果你足够重视这条准则，它就会帮助你摆脱困难的境地。能成大事的人往往十分重视这条准则，所以他们无往而不胜。这条准则就是："肯定他人的存在，尊重他人的意见，承认他人的优点。"

　　你想得到他人的赞扬吗？你想让别人承认你的优点吗？你想闯出自己的一片天地吗？那么你就要尊重他人的优点，努力使人感到他的尊严。

　　生活中的争吵十次有九次的结果是每个人都更加相信自己是正确的，但往往成大事的人是不会通过跟别人争吵去抢占上风的。

　　说服某人并不意味着同他争论，说服人同与人争吵毫无相同之处。争吵并不能改变别人的看法。

　　通常你遇到的每一个人，都不想被人看低。所以有必要让他明白，你承认他的优势并肯定他的存在，并且真诚地承认和肯定——这是打开对方心扉的钥匙。

　　回想爱默生的话："我遇到的每一个人都在某方面超过了我。我努力在这方面向他学习。"

　　如果你想让你的事业走向辉煌，在家里，任何时候都不要批评你妻子不太会做家务，更不要把她是否擅长做某项家务同你的母亲做对比。记得要夸奖妻子，并为自己娶了这样的妻子而感到骄傲,甚至肉煮得过火了、面包烤焦了也不要唠叨,只需要说一声,这次做得不如往常那么可口。这样,她将努力做好一切,使你保持以往对她的看法。

一个成功的男人背后必定有一位贤惠的女人,当然更要有一个温馨的家庭,你从家庭方面入手能做到很好,外界的人际关系自然也就不难解决。

如果你想让人们高兴,应遵循的一条准则是:"努力使人感到他的尊严。"

1. 在争论中不抢占上风

成大事的人是很少与人争吵的。本杰明·富兰克林说:"如果你与人争论和提出异议,有时也可取胜,但这是毫无意义的胜利,因为你永远也不能争得发怒的对手对你的友善态度。"

请好好思考思考,你更想得到的是什么,是想得到表面的胜利还是别人的支持? 二者兼得的事是很罕见的。

在争论中你的意见可能是正确的,但要改变一个人的看法,却并不容易。

2. 不坐满整张椅子

假如你正在很认真地向一个人解说某件事,对方却深深地靠在沙发中,并且还把上半身也深深地陷入沙发中,你会有什么感受? 如果对方是上司,那还没什么话说,如果是同事,你可能就会对他说:"你能不能认真地听我说? "你为什么生气呢? 因为将身体深深地陷入沙发这一姿势,在别人的眼中,看起来就是一种极不认真的态度。特别是连上半身也深深地陷入沙发中,给人的印象将会更为恶劣。

相反地，只取椅面的前三分之一部分来坐，给人的印象会更好。尤其是采用这种坐姿时，身体的上半身会自然地前倾，可能会给对方聚精会神的感觉，因此会给对方做事积极认真的印象。好好利用这一效果，可以更有效地表现自我，给对方留下好印象。

3. 边听边记笔记

在你讲演时，或许有一些听众拿着笔记本边听边记，你就会不由得对这些人产生好感。因为记笔记不但表示想要留下一份记录，还显示了想将对方所说的话纳其精华的积极态度。

当然任何人都不想把没用的话记录下来，也就是说，我们做笔记表示已经认同对方说话的内容，是尊重对方的一种表现。

好好利用这种心理，可以使对方感受到我们的诚意。通常上司对我们说话时，就是再无聊的话我们也不得不听，此时若能采用记笔记的方式，不但能消除无聊感，还可以给上司留下好印象。

你想成就大事吗？那么请记住，成大事的人在人际交往中应善于给足别人尊严。

善于编织人际网络的人，都知道如何去搞好人际关系，他们都深知人际关系的重要性，因而都懂得尊重他人以及如何去尊重他人，目的是要获得他人的认同和支持。当你找人办事的时候，不妨也放低姿态，摆正位置，用真诚的心和实际行动去尊重他人，这样才会在他人心目中留下良好的印象。这必将为你找人办事奠定扎实的基础，办起事来才会顺顺利利。

4. 给弱者的尊重更可贵

一次，因出演《盲井》而获得第 40 届金马奖最佳新人奖的王宝强到台湾去领奖。王宝强在排队进洗手间时，偶然地一回头，发现了排在自己身后的香港影视巨星刘德华。有些紧张的他立即闪到刘德华身后，说："你排前面吧。"刘德华看着面前这位不相识的年轻人，友好地谢绝道："不不不，你先请。"随后两人就互相推让起来。最终，刘德华还是坚持排在了王宝强的后面。

方便之后，从未使用过感应式水龙头的王宝强到洗手池旁洗手。面对水龙头，他先扭后按再提，可就是不见水流出来。他有些纳闷：咦，明明看见前面的人刚使用过，怎么突然就不灵了呢？

因为身后还有人等着洗手，王宝强急得额头上冒出了细汗。这时，正准备往外走的刘德华，从壁镜中看到了王宝强的窘境，于是便转过身抠抠指甲缝，假装还没将手洗干净的样子，然后走近洗手池，将双手放在了水龙头下面。两秒钟过后，水自动流出来了。

刘德华的"示范"，让王宝强立即明白了是怎么回事儿，于是，他也将手放在了水龙头下面。

事后，王宝强感激地说："当时，刘德华连我的名字都不知道，但他仍假装没将手洗干净，折回来给我做了一次示范。善解人意的他，照顾了我的面子，以一种润物无声的方式帮助了我。对此，我很感激。"

在日常生活中，谁都难免会遇到像王宝强所遇到的尴尬情形。此时，作为旁观者，出面帮助化解尴尬当然值得称道，但如果不注意方式，言行过于直接和暴露，就很容易引起更多人对受助者尴尬的关注，从而使其陷入更大的难堪。所以，润物无声、不动声色地给对方做"示范"，便成了此时的首选。上例中，面对王宝强不会使用感应式水龙头的情形，刘德华没有当着众人的面直接告诉他怎样使用，而是以重新洗手的方式给对方做了一次"示范"，在他人没能察觉的情形下，及时帮助王宝强解除了窘境。这种充分顾及受助者的心理感受和面子的帮助方式，于无声处温暖着王宝强的心田，同时也彰显了刘德华的交际风范。

吴昊和朋友刘军在商店里买东西，店主找给了他们几枚硬币。他们从商店出来后，发现不远的天桥上坐着一个乞丐。吴昊看他可怜，就说："我们干脆将硬币给这个乞丐吧！"刘军说："好。"

乞丐面前放着一个缺口的铁盒，铁盒里放着几枚硬币。吴昊直着身子把5枚硬币抛进铁盒。乞丐点了点头，说："谢谢！"

而刘军则蹲下身子，将3枚硬币轻轻放到铁盒里。乞丐站起身来鞠了一躬，诚恳地说道："谢谢您！谢谢您！"

由于吴昊和刘军在帮助乞丐时姿态不同，所以他们的行为就引起了对方不同的反应：吴昊无意之中将自己当成了救世主，以高人一等的姿态，居高临下地对待乞丐，所以他给乞丐的5枚硬币，也就被乞丐当成了"嗟来之食"，乞丐因此也就只是出于礼貌对他说了声"谢谢"；而刘军在帮助乞丐时则弯下了腰，以平等的态度对待他，体现了一名帮助者对受助者应有的尊重，所以他虽然比吴昊少给了两枚硬币，但却赢得了乞丐发自内心的敬佩和感谢。

# 第6章

# 礼尚往来有讲究

送礼是表情达意的一种沟通方式，自古以来不管人们承认不承认、喜欢不喜欢，送礼都是和办事密不可分的。送小礼者办小事，送大礼者办大事，这也算是一个定律。用礼物作为纽带来搭建人与人之间的交往平台，也是人际交往中不可缺少的一课。

# 送礼之前需找个好理由

送礼，总要在说法上有个由头，才好送出去。比如对方患病、生日或子女升学等特别时日，则是送礼的最好时机，因为这时"师出有名"，名正言顺，显得水到渠成，顺理成章。接礼的人除了感谢之外，也不会有太大的顾忌。否则，礼物送得名不正、言不顺，那就会造成一些麻烦。

所以，你在送礼时，一定要先找个理由，下面的几种方法可供你参考。

方法一：把理由推到不在身边的爱人身上。

你可以说："是啊，我也说，找您办事用不着拿东西。而我爱人却说啥也不干，非让我拿着不可。既然拿来了，就先搁这儿吧，要不然，我爱人准得埋怨我不会办事，回到家也交不了差。"

方法二：把理由推到对方的孩子身上。

你可以说："东西是给孩子买的，和你没关系。别说是来找你办事，就是没这事，随便来串门儿还不一样应该给孩子买点东西吗？"

方法三：把理由推到对方老人身上。

你可以说："你不用客气，这东西是给老爷子买的——老爷子的身体最近还行吧……你方便时把东西给老爷子拎过去得了，我就不再专门过去看他了。"

方法四：把理由推到托办事的朋友身上。

你可以说："这东西是我朋友给你买的，我也没花钱，咱把事给他办了，就啥都有了，咱也不用太跟他客气。"

方法五：把理由推到对方可能存在的损失上。

你可以说："您给办事就够意思了，难道还能让您搭钱破费？这钱您先拿着，必要时替我打点打点——不够用时我再拿。"

方法六：把送给对方的钱说成是暂存在对方手里的。

你可以说："我知道，咱们之间办事用不着钱，但万一需要打点，找我拿钱就不赶趟了——所以，这钱先放你这儿，用上了就用，用不上到时候再给我不是一样吗？"

以上这6种说法，都颇有人情味，对方听了，都觉得好受，"有道理"把礼物收下，而没有明显拒绝的理由。因此，你在做人情时，不妨参考这些理由，轻松地把礼送出去，办成你想办的事。

## 送礼要把握住时机和场合

每一次送礼，都需要把握住场合和时机。人们一般不会无缘无故地接受别人的礼物，把握不好送礼的时机和场合，会使别人产生误解，引发麻烦。而只有在适当的时候送礼，才会让受礼者自然地接受。

某科长老刘去拜访老局长，想申请一笔资金。刚进老局长家的门，透过门窗玻璃发现局长正铁青着脸，旁边站着个小保姆，浑身直哆嗦正在啼哭。刘科长一看地下茶壶茶碗的碎片满地都是，他突然想起了朋友告诉他的话，这位局长有个嗜好——喜欢品茶，更喜欢收藏名产地的茶具。看到这种情况，他灵机一动，赶紧退出。

刘科长急忙来到某专卖店高价买了一套景德镇出产的上等茶具，又买了龙井、碧螺春等上等茶叶，再次来到局长家，对局长说："哎呀！这可是局长的宝贝啊！"局长听完他的话后，更是心疼，脸上不断抽搐。

刘科长掏出刚买的礼物，打圆场地说道："我也是喜欢品茶之人，更是喜欢收藏这些茶具。您看，这是我刚买的上等茶叶和茶具，本打算自己留下的，没想到您的爱好和我一样。宝剑赠英雄，这一套景德镇的上等货就送给您吧！"说着，双手奉上茶具，局长一看，眉开眼笑连声感谢。

"不过局长，我有个要求，这茶叶得让我品尝一下吧，我忍不住了。"

"好，好，没想到你也如此嗜好品茶啊！"笑呵呵的局长吩咐保姆去泡茶。

接着，刘科长与赵局长谈起了茶经："你看，我买的正宗西湖产的龙井：色绿、香郁、味甘、形美，人称四绝，是吧，局长？"

局长一副泰然神色，稳坐在沙发上，将茶碗冲刷一下，摆好，咳嗽一下说："确实是这样，而且不仅茶叶要好，喝茶也有讲究，喝茶讲究就大了，喝茶有很深的文化内涵。品茶不但要茶好，茶具好，水也很重要……"

刘科长认真地听完局长的介绍后，又装作请教的样子问了局长几个问题，引得局长高谈阔论一番。

一壶茶品了两个小时。日近中午，局长吩咐下厨，留刘科长吃饭，刘科长赶忙推却，临告辞之际，提出申请资金一事。局长不加犹豫地说："星期一到我办公室来吧。"

刘科长终于达到了目的。

刘科长之所以那么容易地就达到了目的。正是因为他在适当的场合和时机送了别人适当的礼品。

"礼"虽然是好东西，但并非在任何情况下给人送礼对方都能接受。很多人喜欢晚上把礼品送到对方家里去，其实这未必是最佳选择。因为晚上对方也可能不在家中，即使他的家人收下了礼物，但有些事情你还是无法交代清楚的；或者他本人在家，却有其他串门人在场，这时带着礼物进去未免有些尴尬。所以，最好的送礼时间应该选在早上对方未上班之前，或者在星期天早上对方刚刚起床以后不久。这个时候带着礼物进屋，既无外人打扰，又能找到关键的人，便于直接沟通交流。另外，有的礼物可以直接在办公室送，比如一些办公用品；而有的礼物只适合于在家送，比如烟酒等。总之，不同的礼物还要选择不同的时间和场合，这样才能起到良好的效果。

## 送礼心理学

做人情离不开送礼。既然是要送礼给别人，当然要好好研究一下别人的心理，这样一来，你就必须要先懂点送礼心理学。心理学是一门高深的学问，人们往往对它所发挥的作用惊叹不已，而将其运用到送礼之中，也同样会收到绝佳的效果。下面是从心理学这一角度出发得出的送礼应注意的问题。

1. 通过礼物可以看出送礼者的性情爱好

李华在过年过节时经常会收到一些礼物，他每次都是将这些礼物与送礼者的名字记下来，为的是作为回礼的参考。

天长日久，他逐渐悟出：从对方所送的礼物上可以观察此人的性情爱好。如果对方送陈年美酒给你，其实表示送者也对美酒有所偏好；若赠送造型典雅的茶具，则送者必是对茶具有爱好者。

如此说来，每个人对礼品的选择，经常在无意识中透露出自己的喜好，即使是价格颇为高昂，也会产生"这也是自己所喜爱的"这种心理，而不去在乎其价格的高低了。

然而从另一个方面讲，这也就带有一种强加于人的色彩，容易给对方一种强迫感。

因此，请记住：一味地选择自己所喜欢的礼物送给别人将失去送礼的意义，只有赠送对方所需要的，并且能真正表达自己的诚意的礼物，才是真正"送礼的艺术"。

2. 礼品价值高低，取决于双方的地位和关系好坏

受到别人的照顾或恩惠时，必定为了表达谢意而送礼。然而，送礼却给许多人造成不小的困扰。

阿文非常喜欢帮助别人，却对那些受惠者送来的礼物深感尴尬，因为许多家庭并不富裕的人，却送来非常昂贵的礼品，自己只是举手之劳，常觉得受之有愧，他常常叹息地说："其实可以不用送如此大礼。"

其实，送礼金额高低往往决定于对收礼者的印象。在节庆前夕，许多商场的礼品柜台前都会听到许多夫妻低声商讨"是否太失礼了""不值得送如此昂贵的东西"之类的话。反之，从收礼者的角度来看，若得到的远比预期的低，便会大感不悦，甚至比根本没有送礼来得更为气愤；可能责备对方"不识时务""没有礼貌"等，有一种身份地位被贬低的愤怒。

3. 送给对方家人喜欢的东西能加强对方对你的好感

美国电影《ET》上演后，在社会上曾轰动一时，有位先生去拜访他的朋友，就买了"ET"的模型送给对方两个3岁和5岁的孩子。结果小孩子们异常高兴，从那时起就称这位先生为"ET伯伯"，而且每次去都受到他们一家人的欢迎。

像这种情形许多人都见过，甚至亲身体验过。

有句话说："擒贼先擒王。"用来形容这种情形，或许不是十分恰当；但事实就是如此，有时送对方本人喜欢的东西，还不如送其家人喜欢的东西，更能加强对方对你的好感。

尤其重要的是，像这种针对家人的送礼方式，有时还会造成和对方之间的交情在质的方面产生变化等意想不到的效果。

但值得留意的是，像这种情形的送礼，其送礼的内容多少应有点意外性，让别人产生惊喜的感觉，否则效果不会太好。

4. 人在困难时，接受少量的资助会觉得格外感激

有位著名的画家年轻时过了一段非常困苦的生活，经常三餐不继。有一次，他把一幅连自己都没信心的画拿到画商那儿，画商看了半天，付给他一笔在当时他认为很多的钱，令他十分感激。

就画家来说，画商并非买了这幅画，而是给了他前途。后来，他终于成功了。

那笔金额是否很高呢？其实不见得，但直到今日，那位画家对这笔款项一定还觉得非常庞大。人在困厄消沉中，有人向他伸出的援助之手，可以使人产生长久的感恩之情。由此可见，在别人困难时，你的礼物比在别人发达时你再送的礼物要珍贵得多。

如上所述，在送礼时懂点送礼心理学，将会使你顺利地送出礼物，达成自己的心愿。

## 送礼是人际关系的润滑剂

古人说："衣人之衣者，怀人之忧。"意思是说穿了别人送的衣服，怀里就会装着别人的心事或隐忧。用现在的话说，就是收下了别人送过来的礼物，就要为别人办事儿。这同民间所谓"收人钱财，替人消灾"和"吃了人家的嘴软，拿了人家的手短"意思大体相同。送礼，在中国古已有之。自古以来，不管人们承认不承认，喜欢不喜欢，送礼都是和办事密不可分的，送小礼者办小事，送大礼者办大事，这似乎也算是一个一般规律。但是，这里所说的"礼"，并不是社会上的不正之风，而是用礼物做纽带，来沟通人与人之间的情感。

人都有自我，也都是先想到我，而后再去考虑他人，这是人的本性，无可厚非。我们不必去苛求自我，应该善待自我。你的"礼"的行为，凡是从这里出发的对他的自我有一种肯定而不是一种否定，你满足了他的自尊的需要，或者说你给予了他，他能不知道吗？这样起码在你和别人都在同一起跑线上时，他会首先选择你，这不是空洞的说教，是现实。是现实就要求我们像小学生一样去认真学习。

俗话说"礼多不打人"，如果向他人求助时，适当地送些礼，他人一定会尽力帮你。

大学毕业后，张仪考取了德国留学生。在寸土寸金、繁华的慕尼黑，最好的安身立命之地就是学生宿舍了。而其中竟也大有文章可做。一开始，张仪是被告知要排队等半年到两年才能住进宿舍，她也就信了。直到一个比她迟申请宿舍的同学都拿到了房子的钥匙，张仪才大吃一惊，当时的她还四处颠沛流离，为住房发愁，同学却享受到了德国政府资助的学生宿舍。原来，有"礼"走遍天下，大家都懂得要送礼给房管，比如中国结之类的小东西。于是张仪也决定送点礼物，她给房管送了一小罐泉州的铁观音，不料真有奇效，早上送的礼，当天下午房管就打电话给她了。过去搬家的艰辛涌上心头，由于舍不得坐出租车，几十公斤的行李都是小张一个人拖着，从城南搬到城北，从城东搬到城西。其实这个礼，无非是个小礼，却让张仪折腾了这么久。回想一下，当时到房管处三番五次地苦苦哀求，却没有任何效果，如今一个小礼物，竟打发了。

常言说："有理走遍天下，无礼寸步难行。"此话虽然夸张了些，但对礼的作用则可窥见一斑。特别是在请人办事的时候，如果送一点礼品，则任何话都好说。如果空手求人，只得被别人婉拒。当今社会，是一个讲"礼"的社会，如果你不讲"礼"简直就是寸步难行。求人要送礼，"礼"多人不怪，这是古老的中国格言，它在今天仍有十分实用的效果。

人是无法离开礼的世界的。会做人的人，一定是个有"礼"之人。礼物的物质外表包含着人间的等价交换原则，礼尚往来原则，礼到事成原则等，没有礼物恐怕你的事业受阻碍要大得多。

我们不能埋怨社会风气如何如何，来一概否定"送礼"。当然，"送礼"是应该有所节制的，不可滥送，更不可送一些违法的不该送的礼，但起码的，符合人之常情的礼还是得送的。这是现实，不是理想的大同世界，你若想行走于社会人间，为了生存你必须要务实。没有务实的态度，你将两手空空而一事无成。

送礼是表达心意的一种形式。礼不在多，达意则灵；礼不在重，传情则行。双方都不要着重礼物本身的物质价值，而应当作收到的是一份浓浓的情、厚厚的意。礼物是一种友情的表示，中国早就有投之以桃、报之以李的习俗。朋友之间或出远门旅游捎回一点当地特产，或年节佳辰、个人喜庆，赠送一点庆贺礼品，表现彼此间的一番情谊则是有必要的，这是一种诚挚的感情交流，是发自内心的赠予，是感情的物化。

送礼作为一种文化现象，自有其特定的规律，不能盲目去做、随心所欲。它反映出送礼者的文化修养、交际水平、艺术气质以及对受礼人的了解程度和关系远近。在一定意义上讲，送礼是一门特殊的交际应酬艺术。

## 求人送礼要到位

"礼"是沟通感情的纽带。礼尚往来才能和别人搞好关系，但礼不能瞎送，要投其所好，才能将"礼"真正地送到对方的心坎里去。

送礼也是一门艺术。有些人总觉得为了办事去送礼巴结人有点尴尬。其实，这是一种误解。礼尚往来，本来就是人际沟通的一种手段，虽然有时带有一定的目的性，但如果连这点人情世故都不懂，又怎么能办好事情呢？而且送礼要送到位，投机要投到点子上。既然送礼是一门艺术，自有其约定俗成的规矩，送给谁、送什么、怎么送都很有奥妙，绝不能瞎送、胡送、滥送。根据古今中外一些成功的送礼经验和失败的教训，起码我们应该注意下述原则。

1. "送礼"要选准对象

送礼的对象是个大问题。在日常社会生活中选错了送礼对象的人不在少数，比如说把礼物送过去了，事情却没有办成——因为对方并非是起关键作用的人物，所以即便送了礼，也是徒劳无益的。

送礼要送对人，而且对象不宜太多，否则分量就会显得很轻，有时可能起不到利益驱动的作用。这还不算，送的对象一多，难免人多嘴杂，心机泄露，对事情有百害而无一益。

所以，在送礼之前，一定要权衡好各位"要人"的作用，查问好谁对这件事有裁决权，起主导作用。谁是办事的关键人物就把礼物送给谁。礼物送到了点子上，要办的事情可能也就迎刃而解了。相反，如果把礼物送给了不相干的人物，就收不到相应的成效。

2．"送礼"要投其所好

确定了送礼的对象之后，接下来就要考虑送什么好。这里的所谓"好"是以对方的喜好为标准。所以，送礼之前要根据对方的日常生活偏好分析他到底喜欢什么礼物。比方说，有的喜欢喝酒，有的爱好吸烟，有的很高雅，他们对古董、字画、典籍感兴趣，还有的干脆就只是喜欢钱，真是人心方圆，各有千秋。对方爱好什么，就给他送什么。会办事的人都知道，只有给对方送上了他十分喜欢的礼物，他才会动心和动情，拿出精力来办事。

3．"送礼"应轻重适宜

一般讲，礼物太轻，又意义不大，很容易让人误解为瞧不起他，尤其是对关系不算亲密的人，更是如此，而且如果礼太轻而想求别人办的事难度较大，成功的可能几乎为零。但是，礼物太贵重，又会使接受礼物的人有受贿之嫌，特别是对上级、同事更应注意。除了某些爱占便宜又胆子特大的人之外，一般人就很可能婉言谢绝，或即使收下，也会付钱，要不就日后必定设法还礼，这样岂不是强迫人家消费吗？如果对方拒收，你钱已花出，留着又无用，便会生出许多烦恼，就像平常人们常说的"花钱找罪受"，何苦呢。因此，礼物的轻重选择以对方能够愉快接受为尺度，争取做到少花钱多办事，多花钱办好事。给人送礼送多少主要根据三个方面来划定：第一，根据所要办的事情的分量轻重，视利益大小来确定给对方送多少礼合适。事情较大，对自己的利害关系密切，就应该多送一些；如果事情不关大体，就可以少送一些。第二，根据对方费劲和费周折以及所承担的责任风险大小来确定礼物轻重。如果事情难办，或者对方所承担的责任风险大，那么要送的礼物就应该偏重一些，否则便可以少一些。第三，根据当时社会送礼的惯例确定礼物价值的水平。一般而言，礼物这东西送多送少，一方面与社会平均工资水平有些关系，另一方面也与当时的社会风气密不可分。所以，礼物的轻重、多少要恰到好处，既要达到办事的目的，又要有所节省，不至得不偿失。

4."送"要选准时机

送礼要讲究时间，讲究地点，讲究场合，这样，对方才可能接受。很多人送礼喜欢在晚上送到对方家里，其实这未必是最佳选择。因为这个时间，对方可能不在家中，送去了礼物却未见到"真人"，未免有些遗憾。或者对方在家，却另有外人夜间串门，带着礼物进去未免有些尴尬，所以，最好的时间应该选择在早上对方未动身上班之前，或者在星期天的早上对方刚刚起床不久为佳。因为这种时候带礼物进屋，既无外人打扰，又能把要找的人堵在家中，便于见面，便于说话。送礼的时机可以随机应变，但以下几点是需要避讳的。

（1）不要锦上添花。常言说得好，"情愿雪中送炭，不要锦上添花"，意思是说，当别人处于困境当中，伸出援助之手，不啻于冰雪天给饥寒交迫的人送去一篓炭，及时而又必需，会使受礼人终身难忘。而如果别人什么都不缺，送的东西就不会显出有价值了。

（2）不要给人迟到的祝福。碰到佳节喜庆之时，带上一些礼物，及时表示祝贺，对拉拢关系是非常有好处的。但要注意，不要给人"迟到的祝福"，这是送礼一大忌。事后送礼，会造成对方心里不快，"当时你干吗去了？"这时礼品再重，也不容易获取对方的好感。

（3）不要在对方不在家时送礼。主人在家时可以更直接地向对方表达你的意图，如果是通过他的家人向他转达，不如当面陈述给人印象深刻。

因此，不要托旁人转送礼物，因为这样不礼貌，此外，有些受礼人不希望别人知道自己接受礼品。

（4）忌当着外人面送礼。送礼，最好在私下里送。外人在场，碍于情面，有可能拒绝，所求之事也可能就泡汤了。

（5）忌在公开场合送礼。送礼这种事在公开场合进行总是不妥。因此，千万要避嫌，因为人言可畏，不要给自己带来麻烦。

5."送"要有适当的理由

送礼总得在说话上有个由头才好送上去，比如对方患病、生日或子女开学等特别时日，则是送礼的最好时机，因这时"师出有名"，名正言顺，不用另外在说法上寻找送礼的由头。所以显得水到渠成，顺理成章，接礼的人除了感谢之外，也不会有太大的顾忌。但有些时候，人们送礼纯粹为了办事，这种时候把礼物送过去怎么说好呢？总不能直接说："今天想求你办事，所以才给你送些礼物让你受用。"那样一来，对方是不会接纳这个礼物的。怎么办？这就需要找一种让对方高高兴兴接受礼物的说法。

6. "送礼"间隔适宜

送礼的时间间隔也很有讲究，过频过繁或间隔过长都不合适。送礼者可能手头宽裕，或求助心切，便时常大包小包地送上门去，有人以为这样大方，一定可以博得别人的好感，细想起来，其实不然。因为你以这样的频率送礼目的性太强。另外，礼尚往来，人家还必须还情于你。一般，以选择重要节日、喜庆、寿诞送礼为宜，送礼的既不显得突兀虚套，受礼的收着也心安理得，两全其美。

7. 了解风俗禁忌

送礼前应了解受礼人的身份、爱好、民族习惯，免得送礼送出麻烦来。有个人去医院看望病人，带去一袋苹果以示慰问，哪知引出了麻烦，正巧那位病人是上海人，上海人叫"苹果"跟"病故"二字发音相同。送去苹果岂不是咒人家病故，由于送礼人不了解情况，弄得不欢而散。鉴于此，送礼时，一定要考虑周全，以免节外生枝。例如，不要送钟，因为"钟"与"终"谐音，让人觉得不吉利；对文化素养高的知识分子你送去一幅蹩脚的书画就很没趣；给伊斯兰教徒送去有猪的形象作装饰图案的礼品，可能会让人轰出来。

# 礼尚往来话人情

我们生活在一个很大的社会群体中，每一个人都不是孤立存在的，几乎每天都存在这样或那样的人际交往，包括与家人、亲戚、同事、朋友、上司、下属等。而送礼这一独特的社会形态，在某些情况下，礼品成为维系人际关系，或达到个人目的的必要手段。所以，送礼是一门艺术也是一门学问。

送礼是一件令人感到愉快的事，从送礼者和接受者的角度考虑都应如此。要真正做到这一点并不是一件简单的事。几千年流传下来的送礼习俗和人们对事理的认识，逐渐形成了一套独特的送礼艺术，有其约定俗成的规矩，送给谁、送什么、怎么送都有原则，绝不能瞎送、胡送、滥送。它包括所送礼品的形式、送礼的目的、送礼的场合、送礼的时机和收受礼品的礼仪等一系列内容。因此，掌握一定的送礼原则，在人际交往中可以减少麻烦和尴尬。

1.送礼是奉献欢乐，首先你要了解对方真正需要什么

所送的礼品是双向的，不能只以送礼者的意志为转移，也不能以自己的喜好而嫌弃对方所送的礼品。只要双方能将心比心，

多为对方想一想，就不会犯太大的错误了。

　　选择你自己也希望接受的礼品。如果你送的礼品连自己都不喜欢，人家怎么会喜欢呢？从收礼的一方考虑，不要把收到的过时礼品现在再转送给别人，或索性丢弃它，因为送礼的人通常都会留意你有没有使用他所送的礼品。

　　如果你比较富有，送礼给一般的朋友也不宜出手太过于阔绰，以免使对方无所适从，有时会引起不必要的尴尬，得到反效果。而送一些富有心思的礼品也许会取得更好的效果。

　　若是买来的礼品，送礼时要记得把礼品上的价格标签拿掉。把标签留在礼品上，礼品就变成只能传递两个信息：一个是"我们的情谊值多少钱"，另一个是"看着吧！下次得给我回送同样价格的礼品"。而这些信息，可以把所有送礼的情分都打得稀里哗啦！此外，不论礼品本身价值如何，最好还是要用包装纸包起来。有时注意这细微的地方更能显示出送礼者的心意。

　　此外，还要考虑到接受礼品的人在日常生活中能否应用上你送的礼品。比如，朋友乔迁之喜，你准备送他一幅大大的装饰画，首先应考虑：他家里摆得下这么大幅的画吗？

　　2. 让受礼人惊喜赞赏是所有送礼人的心愿

　　礼品是感情的载体，因人因事因地施礼，是社交礼仪的规范之一。任何礼品都表示送礼人的特有心意，或酬谢、或求人、或联络感情等等。所以对于礼品的选择，也应符合这一规范要求，要针对不同的受礼品者的不同条件区别对待。你选择的礼品必须与你的心意相符，并使受礼者觉得你的礼品非同寻常，备感珍贵。一般说来，对家贫者，以实惠为佳；对富裕者，以精巧为佳；对恋人、爱人、情人，以纪念性为佳；对朋友，以趣味性为佳；对老人，以实用为佳；对孩子，以启智新颖为佳；对外宾，以特色为佳。

实际上，最好的礼品应该是根据对方兴趣爱好选择的、富有意义、耐人寻味、品质不凡却不显山露水的礼品。因此，选择礼品时要考虑它的思想性、艺术性、趣味性、纪念性等多方面的因素，力求别出心裁，不落俗套。

3. 送礼是双方共同的行为，适度是原则

一般讲，礼品太轻又意义不大，很容易让人误解为瞧不起他，礼品太贵重，又会使接受礼品的人有受贿之嫌，即使收下，也会付钱，要不就日后必定设法还礼，这样岂不是强迫人家消费吗？因此，应以对方能够愉快接受为尺度，选择轻重适当的礼品。

4. 每一次送礼，都需要一个新颖的说法

用"师出有名"来形容送礼的时机最恰如其分了。节日、生日、婚礼等有意义的纪念日，或探视病人时，这都是送礼的最佳时机。因为这些时候送礼可以使收礼者不感到突兀，认为自然，容易接受。在西方国家，圣诞节是最重大的节日。圣诞节时，天真烂漫的孩子们为收到各种新奇的玩具而兴高采烈，以为这是圣诞老人送给他们的礼品。大人们之间常送些书籍、文具、巧克力糖或盆景等。探病大多是赠鲜花，有时也赠盆景。芬芳的花朵给人带来春天的气息，使病人获得精神上的安慰。

送朋友远行，也常赠礼品。礼品通常是鲜花、点心、水果或书籍杂志等。礼品上须附有名片，以祝他一路平安。

5. 回避尴尬是送礼的技术

有些人到对方家中拜访直到离开时，才想起该送的礼品，在门口拿出礼品时，主人却因为谦逊、客套而不肯接受，此时在门口拖拖拉拉，颇为狼狈。如何避免这种情形发生？进到大门，寒暄几句就奉上礼品，如此，就不会出现因为对方客套而不收礼的尴尬情形。如果错过了在门口送礼的时机，不妨在坐定后，主人倒茶的时候送。此时，不仅不会打断原来谈话的兴头，反而还可增加另一个话题。

迟到的生日或迟到的圣诞节虽然有点失去了它们的意义，但是在某些场合，有意识地推迟送礼时间未必不是一个好主意。

人们一般在接受邀请和婚礼之前送结婚礼品。然而，亲友和好朋友可以向新娘说，"我想等你安顿下来再送礼品给你，这样我就会知道你真正需要什么，你说这样好吗？"女孩子非常喜欢这样。

6. 不同的场合、情形有不同的送礼方式

送什么礼、什么时候送及怎样送是经常困扰人们的问题，尤其是在怎样的场合下送礼至关重要。场合不当，即使是送上最珍贵的礼品、拥有最深的爱有时也无济于事。私人礼品显然不可以用大众化来敷衍，许多礼品都会涉及风俗习惯和各人风格的问题。

送礼时最重要使人开心，而不让人伤心、窘迫。例如，一位男士送给一位女士一枚珠宝戒指会让她觉得很尴尬，而她丈夫这样做却会让她欣喜万分；在欢庆的日子给主人送上一件易勾起主人对往事伤心的回忆的礼品，一件揭开主人内心不可告人的秘密的礼品，无论多么珍贵，都不合时宜。

# 第7章

## 别让不懂拒绝害了你

生活中很多人抹不开面子，明明知道自己很难办到的事硬是撑着，结果是使自己受累，对方也往往会感到尴尬。在这个时候我们要巧言说不，分寸掌握得当，即使是拒绝也要赢得对方的理解和体谅。

## 刚柔并济，灵活处事

成功的拒绝不仅需要勇气，更需要智慧。对于不同的人事，要灵活对待，该硬则硬，该软则软，刚柔并济，灵活运用，才能使事情得到圆满的解决。

一个人如果在工作时间，或是在正想休息的时候，却有另一个人前来缠住他，唠叨不休地借钱，要求谋事，请求帮助，或买什么东西，一定要这人答允他接二连三的要求，这人一定会非常痛苦。

社交活动中难免会遇到这类难题，但是有没有办法避免这些多余的困扰呢？这就要学习婉言拒绝的本领了。现在的年轻人，多被人捧在手心上，极少被人拒绝，殊不知拒绝他人也是有秘诀的，拒绝得法，对方便会心服口服，如果不得法，一定使人心生不满，甚至怀恨在心。

下面我们来介绍一些如何拒绝别人的技巧。

请先看吉恩和他朋友的一场对话：

"近来有许多推销员，登堂入室兜售物品。这些人口齿灵活，跟你缠绕不休，一个个都有一套非使你买下他们的东西不可的本领。我对这帮人实在是应付不了。"吉恩的朋友抱怨说。

"你可以拒绝啊！"吉恩插嘴说。

"拒绝，也不是一件容易的事啊！"他说，"那些推销员全不把你的拒绝放在心上，他们有一套手腕激起你的兴趣，吸引你的注意，压服你的反对，挑动你的欲望，使你最终不得不买下他的东西，许多人因为不知道怎样拒绝而结果只好答应。"

吉恩这位朋友的话也许过分夸张了些。但是如果被那些推销员所困扰，只要坚决说个"不"字，他们是毫无办法的，这难道不是个简单的办法吗？

其实不然。虽然硬着头皮说"不"字，有时也会有料想不到的结果。有一次，一个保险公司的所谓"访问员"到艾瑞办公室来谈生意，一上午整整谈了两个多钟头，结果他坚决用"不"字来拒绝，推销员只好快快退出了。

几天之后，艾瑞的朋友来告诉他，一位胖胖的年轻人在外面口口声声破坏他的声誉。他惊奇得很，因为在私人方面或生意场中，他并无仇人。直到后来他的朋友说明那青年的下巴有颗痣，他才恍然大悟正是那天被他拒绝的推销员。

拒绝人家不得方法，实在太危险了。例如，一个品行不良的朋友来借钱，明知道如果借给他便是肉包子打狗一去不回头，一个相熟的商人兜售物品，明知买下了就要亏本，诸如此类的事理智的人必定加以拒绝，可是拒绝之后，就要断绝交情，引人恶感，被人误会，甚至种下仇恨的因素。

要避免这种情形发生，唯一方法便是要运用些聪颖的智能。学习口才培训中，有关拒绝的方法列举了以下规则。

应该向对方解释自己拒绝的理由。

拒绝的言辞最好用坚决果断的暗示，不可游移不定。

不要把责任全推在人家身上，含糊其词。

注意不伤害他人自尊心，否则必会迁怒于人。

让对方明白拒绝出于万不得已，很是抱歉。

有时为了拒绝人家，含糊其词地推托，"对不起，这件事我实在不能决定，我必须去问问我的父母。"但这种方法有些不干脆了。有人认为这是解围的好方法，既不伤害朋友情感，而且可以使朋友体谅自己的难处，但是这种敷衍的结果，对方还会再三再四地来缠扰。总有一天对方发觉这是拒绝的表示，以前的话全是托词、敷衍甚至欺骗，不只招人怨恨，同时也暴露了自己的弱点：懦弱和虚伪。

如果换一个情况，上司或主管对一项措施征求下属的意见时，下属出于责任的关系必须反对或拒绝，又该如何应付？请看下面一个例子。

美国一家贸易公司的经理设计了一个商标，开会征求各部门的意见。

经理介绍说："这个商标主题是旭日，象征希望和光明。同时，这个旭日很像日本的国徽，他们国内人民见了一定乐于购买我们的产品。"

　　然后他征求各部门主任的意见。营业主任和广告主任都极力恭维经理构想的正确，最后轮到代理出口部主任出席的青年职员表达意见。他说："我不同意这个商标。"

　　全场的人都瞪大眼睛看着他。

　　"怎么？你不喜欢这个设计？"经理吃惊地问。

　　"我倒不是不喜欢这个商标。"青年回答。虽然从艺术观点他确实有点讨厌那红圈圈，但他明白和经理辩论审美力是得不到什么效果的，所以只说："在日本，我恐怕它是太好了。"

　　经理笑了起来，"这话倒使我不懂，你解释看看。"

　　"这个设计鲜明而生动自然毫无疑问，因为与日本的国徽相似，无论哪个日本人都会喜欢的。"

　　"是啊，我的意思正是如此。"经理不耐烦地说。

　　"然而我们在远东还有一个重要的市场，那就是中国了，中国人看到这个商标，也未尝不会想到这是日本的国徽，即使日本人喜爱这个商标，可是中国人却不会对此有好感的。也就是说他们不愿意买我们的东西，那么在中国反而不是全无销路了吗？照本公司的营业计划，是要扩充对中国贸易的，但这样一个商标一旦确定，结果，必然是顾此而失彼了。"

　　"天哪！我倒没有想到这一层，你的话对极了！"经理几乎叫了起来。

　　这位年轻人如果和其他人一样地对经理唯命是从，将旭日做成商标，将来产品销到远东之后，中国方面的营业报告一到，生意清淡，存货退回，那时假使明白不能销售的原因是因为商标问题，代理出口部主任出席会议的那位青年，能摆脱责任吗？

要向一位有权威的人表示反对或拒绝，必须要有充分的理由，这时技巧的运用，不能不讲究。你看，上例中，那位青年一句"我恐怕它是太好了"，一句恭维话先填平了经理的不悦，让他保留了颜面，然后再陈述更充分的理由，让经理心服口服，又不会因此而觉得难堪。

在拒绝别人时要牢记：该硬的时候要硬，该软的时候要软，既要让自己摆脱麻烦，又要尽可能地为他人保留面子。这就需要灵活处理。

## 给对方台阶下

拒绝他人是一种处世的艺术，委婉的拒绝需要充分的理由、得体的策略和真诚的态度。总之，要让对方有台阶下，不能损害对方的自尊心。

在年轻人的成长过程中，难免会遇到违背己愿的人或事。有时不得不拒绝别人，但如果每次拒绝都带来隔阂、摩擦和敌意，那最后必将成为孤家寡人。所以，要想获得真正的好人缘，就要学会委婉地拒绝，这样在做人做事上才不会吃大亏。

当别人提出要求和帮助时，被求者也许是有口难言，也许是爱莫能助，或者因为对方的要求不合理，或者因为对方所求的事情不可行，从原则上、逻辑上讲都是应该直截了当加以拒绝的。但在社交过程中，这个"不"字又不是那么容易说出口的。因为拒绝不当就容易令对方不快甚至恼恨，许多人就是因为拒绝不当而失去了朋友、得罪了领导、惹怒了合作伙伴，从而错失了发展的机会。所以，掌握一点说"不"的艺术是很有必要的。拒绝他人时总的原则是：不能损伤对方的自尊心，不能使对方难堪。这里介绍几种常见的拒绝方法。

（1）委婉含蓄拒绝法。这种拒绝法不是就事论事、直接拒绝，而是通过顾左右而言他，间接地、巧妙地、委婉地加以拒绝。这种拒绝法特别适用于有人为某事求情而被求者在原则上又不能答应的情况。

（2）先退后进拒绝法。不把自己的反对意见说出来，相反，先退一步，表示同意对方的看法，然后再针对对方所提出的问题，摆出自己的不同看法，叫作先退后进拒绝法。这种方法特别适宜于拒绝权威性人士的意见，又使对方不失体面。

（3）强调客观拒绝法。这是一种强调主观上我是愿意尽力帮忙的，但是客观上却有许多障碍，确实是爱莫能助，以客观的诸多原因来加以拒绝的方法。

（4）给对方提出合理建议拒绝法。在阐述自己无法帮助对方的苦衷时，不失时机地给对方提出一些合理的建议，帮助对方想其他的点子，指明方向，使对方感到建议者在间接地帮助他，这样就弥补了因被拒绝而造成的不快。

值得注意的一点是，拒绝他人时，态度一定要真诚，不能伤了对方的自尊心。

人都是有自尊心的，一个人有求于别人时，往往都带着惴惴不安的心理，对结果的未知感到茫然，一旦遭到拒绝，势必会觉得自尊心受损，心理失去平衡，从而引起强烈的反感，产生不良后果。因此，拒绝别人时，不但要考虑到对方可能产生的反应，还要注意准确恰当的措词。比如拒绝聘用某人时，如果悉数罗列对方的缺点，就会伤害他的自尊心。所以不妨先称赞他的优点，然后再含蓄地指出他的缺点，说明不得不这样处置的理由，对方也许能更容易接受，甚至心存感激。

## 对领导说"不"的技巧

领导握着属下的薪水和前程，拒绝这样的人物，要好好思量一番，用一种既能使领导接受，又不至于使自己为难的方式。

当领导委托属下做某事时，属下要善加考虑，这件事自己是否能胜任，是否不违背自己的良心，然后再做决定。

如果为了一时的情面，或者害怕领导生气，而将无法做到的事揽到身上，那么，此后属下的处境就会很困难。等到属下为办不成事感到懊悔之时，就太迟了。

纵使是很照顾自己的领导，委托属下办事，如果感觉实在是做不到，也就应很明确地表明态度，说："对不起！我不能接受。"这才是正确的作法，是真正有勇气的人。

领导所说的话有违道理，属下可以断然地驳斥，这才是保护自己之道。假使领导欲强迫属下接受无理的难题，这种领导便不可靠，属下更不能接受。

尽管部下隶属于领导，但部下也有独立的人格，不可能什么事都不分善恶是非盲目服从。无条件服从他人的是奴隶。倘若领导以往曾帮过属下很多忙，而今他要委托属下做无理或不恰当的事，属下应该毅然地拒绝，这是对自己负责的表现。

此外，限于能力，无论如何努力都做不到的事，也应拒绝。但是这有一个前提，即是否真的做不到，应该确实地衡量一下，切不可因怀有恐惧心而不敢接受。经过多方考虑，提出各种方案后，是否再加上勇气来突破它，都需要考虑清楚。考虑后，认定实在无法做到，方可拒绝。

当然，拒绝更要讲究方法，采用什么办法才能让上司接受，这里面也是很有学问的。

1.触类相喻，委婉说"不"

当领导提出一件让属下难以做到的事时，如果属下直言答复做不到，可能会让领导在大庭广众之下损失颜面。这时，属下不妨说出一件与此类似的事情，让领导自觉问题有难度而自动放弃这个要求。

2. 佯装尽力，不了了之

当上司提出某种要求而属下又无法满足时，设法造成属下已尽全力的错觉，让上司自动放弃其要求，也是一种好方法。比如，当上司提出不能满足的要求后，就可采取下列步骤先答复："您的意见我懂了，请放心，我保证会全力以赴去做。"过几天，再汇报："这几天某某因急事出差，等下星期回来，我再立即报告他。"又过几天，再告诉上司："您的要求我已转告某某了，他答应在公司会议上认真地讨论。"尽管事情最后不了了之，但属下也会给上司留下好感，因为属下已造成"尽力而做"的假象，上司也就不会再怪罪了。

通常情况下，人们对自己提出的要求，总是格外关注。但如果长时间得不到回音，就会认为对方不重视自己的问题，反感、不满由此而生。相反，即使不能满足上司的要求，只要能做出些样子，对方就不会抱怨，甚至会心存感激，主动撤回让属下感到为难的要求。

3. 利用集团掩饰自己说"不"

例如，属下被上司要求做某一件事时，其实很想拒绝，可是又说不出来，这时候，不妨拜托其他两位同事，和自己一起到上司那里去，这并非所谓的三人战术，而是依靠集团替自己作掩护来说"不"。

首先，商量好谁是赞成的那一方，谁是反对的那一方，然后在上司面前争论。等到争论过一会儿后，属下再出面轻轻地说："原来如此，那可能太牵强了。"而靠向反对的那一方。

这样一来，属下可以不必直接向上司说"不"，就能表明自己的态度。这种方法会给人"你们是经过激烈讨论后，绞尽脑汁才下结论"的印象，而包含上司在内的全体人士，都不会有哪一方受到伤害的感觉，从而上司会很自然地放弃对属下的命令。

拒绝领导一定要讲究分寸和策略，这样才能赢得领导的好感，不至于让自己进退两难。

## 减少不必要的麻烦

不懂得拒绝是非常可悲的。在许多时候，那样会让自己忙得团团转，给自己徒增麻烦不说，还往往落得吃力不讨好的结果。

英国作家毛姆在小说《啼笑皆非》中讲过这么一段耐人寻味的故事：一位早已疏远的老朋友找上门来，向自己道贺，怎么办呢？是接待他还是不接待他？按照本意，自己实在无心见他，因为一无共同语言，二来也浪费时间。可是人家好心好意来看自己，闭门不见似乎说不过去，于是只好见他了。见面后，对方又非得邀请自己改日到他家去吃饭。尽管内心一百个不乐意，但盛情难却，不得不佯装愉悦地应允了。在饭桌上，尽管自己没有叙旧之情，可是又怕冷场，于是又得强迫自己无话找话。这种窘迫可想而知……来而不往非礼也，虽然自己不再愿意同这位朋友打交道，但还是不得不提出要回请朋友一顿，还得苦心盘算：究竟请这位朋友到哪家饭店合适呢？去第一流的大酒店吧，担心朋友会疑心自己是要在他面前摆阔；找个二流的吧，又担心朋友会觉得自己过于吝啬……

春节联欢晚会上曾有这样一个小品：一个小职员为了避免别人瞧不起自己，就假装自己十分能干，无论哪个求他办事，不管有多大困难，都一一应允。为了帮别人买两张卧铺票，不惜亲自通宵排队，结果害苦了自己，还闹出不少笑话……

表演也许有所夸张，但生活中的确不乏与小品中类似的人物。常常有热心肠、好面子又不善于拒绝别人的人，怕拒绝别人会失去人缘或朋友情谊，于是经常违心地答应别人的要求，结果不仅浪费了大量时间，自己也经常觉得不自在。

要想不被其他身外之事烦扰，就必须学会拒绝别人，这样既可以节省大量的时间，还可以避免许多麻烦。

诚然，与人交往和帮助别人是重要的。尤其是主动的帮忙更会受到欢迎。但是，如果迫于某种心理的压力，对一切都点头答应，实际上是在屈服于另一种性质的某些动机。例如，需要得到别人接受或赞扬，害怕给别人带来不快和麻烦，希望别人对您感恩，有朝一日得到报答，等等。再有天赋和能力的人也不能瞻前顾后，优柔寡断，该说"不"时，就要大胆地说出口，这样才能节省有限的时间，做更多有意义的事情。

那么在什么场合应该说"不"呢？现举出几例。

（1）当别人所期待的帮助是完全出于只考虑个人利益的时候。假如一个人打算请朋友深夜开车送他到机场，而朋友确信他可以"打的"去，如果朋友去送他，不但影响睡眠，还会影响次日安排，就要考虑拒绝。当然，如果这人是顺路想搭朋友的车，只是要朋友等他几分钟的话，朋友就应尽力帮忙。

（2）当有人试图让别人代替完成其分内工作时。偶尔为别人替一两次班关系不大，如果形成习惯，别人就会产生依赖性，变成义不容辞的义务。

（3）一个人准备晚上写点东西或做点家务，朋友却邀请他去打牌。如果是千里之外的朋友偶然来聚当然另当别论。

当然生活中的类似场合远不止列出的这些，总之，只要考虑到可能给自己带来某些不方便，就要考虑说"不"，除非因此会给别人带来更大的麻烦。

也许很多人会说：我何尝不想拒绝，但该怎样拒绝呢？以下有几个建议。

首先，立即答复，不要使对方抱有希望。

要打消为避免直接拒绝而寻找脱身之计的念头。请不要说"我再想想看"或"我看看到时候行不行"等。明确地告诉对方："实在抱歉，这是不行的。"

其次，如果想避免生硬的拒绝，就提出另一个建议。

假如朋友打电话问道："今天晚上去跳舞吧！"不想去，就可以说："哎呀，今天晚上可不行，改日我邀请你吧。"

最后，不要以为每次都有必要说明理由。

在很多时候，只要简单地说一句"我实在有更要紧的事要做"，就可得到绝大多数人的谅解。

只要我们充分认识到过多参与不必要应酬的危害，知道自己在什么情况下该拒绝别人，并且在拒绝的时候采取正确的方法，我们就能节省大量的时间去做自己想做的事情，而且不至于因此而发生人际关系方面的问题。

## 不伤感情又赢得谅解

拒绝他人，必须讲求方法与技巧。这样，就可以把拒绝带来的遗憾缩小到最低限度。既不伤害对方的自尊与感情，又能取得对方的谅解与支持。

在与人交往中，往往会碰到一些自己不能办或不愿办的事情，这就需要以言语拒绝。当然，拒绝别人的请求，否定别人的意见，会在情感上觉得过意不去，甚至会伤害朋友间的感情，这是很折磨人的事，但只要学会拒绝的技巧，委婉地把"不"字说出口，就可以让对方接受自己的意见，同时，又不会伤害对方的自尊心。

把拒绝的话说得婉转一点，就可以避免使自己陷入左右为难的境地。相反，如果拒绝不当，就会受到别人的忌恨。因此，学会如何拒绝别人的确很重要。

在人与人的交往中，每个人都曾有过向别人提出要求，而遭到别人拒绝的时候，那种感受实在是非常尴尬的，甚至面红耳赤的。但是，年轻人若想有良好的发展开端，就需要不断地说服他人，以寻求合作。也可以说，成功的人生就是在不断地遭到拒绝和拒绝他人的过程中磨砺出来的。

三国时期华歆在孙权手下时名声很大，曹操知道后，便以皇帝的名义下诏召华歆进京。

华歆启程的时候，亲朋好友千余人前来相送，赠送了他几百两黄金和礼物。华歆不想接受这些礼物，但是如果当面谢绝肯定会使朋友们扫兴而归，伤害朋友间的感情。于是，他便暂时来者不拒，将礼物全部收下，并在所收的礼物上面悄悄记下送礼人的名字，以备"完璧归赵"。

华歆设宴款待众多朋友，酒宴即将结束之时，华歆站起来对朋友们说："我本来不想拒绝各位的好意，却没想到收到这么多的礼物。但是，匹夫无罪，怀璧其罪。你们想一想我单车远行，有这么多贵重之物在身，我是否有点太危险了呢？"

朋友们听出了华歆的言外之意，知道他不愿意接受礼物，又不好当面拒绝，以免大家都没面子，内心里对华歆油然而生出一种敬意，便各自将礼物取回。

试想，如果华歆声色俱厉地拒绝别人，甚至心怀疑虑，认真盘问对方，也许事态就会扩大化，甚至使双方的友情出现裂痕。

当有人需要帮忙，而被要求者由于某种原因不能帮他时，就需要运用拒绝的艺术。委婉的拒绝是消除误会的灵丹妙药。

说起海瑞，人们都会把"清官"这两个字与他的名字联系起来。的确，他是明朝一位品格刚正、耿直、廉洁的清官，百姓都尊称他为"海青天""活包公"。

可是你知道吗，他不仅为官清廉，更懂得如何巧妙地拒绝别人的要求。

有一天，海瑞严厉处罚仗势侵夺民田的董其昌时，一些官员来替董其昌求情，对海瑞说："圣人不做过分的事。"

海瑞却说："各位还不知道我不是圣人吗？"仅仅一句话，就把求情的人们顶了回去。这句话既巧妙地表达了海瑞秉公执法严办董其昌的决心，又使得说客碰上了软钉子，无言以对，这也是在拒绝一些求情者的要求时最好的办法。

那么怎样开口拒绝，才不会伤害对方呢？

1.说"不"之前，要让他人了解到你的难处和歉意

要尽量避免使用一些模糊话语来回答。这种讲法或许说者自认为是表达了拒绝之意，可是有所求的一方可能会以为确实在为他想办法，这样一来，反而耽误了他人的时间。所以，拒绝时不能使用带有模糊字眼的语言。

以诚恳的态度委婉地说出自己拒绝的理由，使他人了解到是真的心有余而力不足，这种拒绝方法是很成功的。

2. 拒绝他人时，态度要亲切和蔼

拒绝他人，不能在他人一提出要求就断然拒绝；不能对他人的请求快速反驳，或面带不悦；也不能藐视对方，坚持永不妥协的态度，应该态度诚恳地去拒绝别人的请求，这样才会容易让人接受。

3. 拒绝他人时，要将理由明确说出

拒绝他人时，要将理由据实言明，不能模棱两可，以免对方搞不懂说话人的真意，以致产生种种误会，这就会使彼此间存在隔膜，使关系越来越淡化。

4. 拒绝他人时，切不能伤害他人的自尊心

曾经对被要求帮人者有过帮助的人，特意来拜访，请求为他办事，如果考虑到情面，就不容易拒绝。不过，倘若被求者将尊重他的意愿坦诚地表达出来，再率直地说出自己的难处，对方自然会原谅、理解的。

5. 拒绝他人，要给他人一条退路

拒绝他人，要给他人留足面子，要让他有台阶可下。所以必须耐心地倾听他人的诉说，等心里有了主意后，再去拒绝，他人就不会感到无地自容。

有些时候，即使是百分百的拒绝也不能将话说得太死，比如当异性当面表示爱意时，如果不乐意接受，就可以委婉地说："婚

姻大事不可草率行事，我们还是慎重考虑一下吧！"这样对方就
会很知趣地明白此话的用意了。


## 不同情况的不同法则


拒绝是人生的一门必修课。每个人都可能遭遇不"情"之请。
那么这时，如何让"不"字脱口而出，而又不会恶化人与人之间
的关系，就显得尤为重要。

有些人不善于说"不"，但经常的练习会让人掌握说"不"
的技巧。只要能恰如其分地把"不"字说出口，遭拒的一方定会
毫无怨言。

一般而言，那些在别人不论提出多不合理的要求时很难说
"不"的人，通常是由于以下几种原因。

（1）对自己的判断力缺乏自信，不知道什么是应该做的，
什么是别人不该期望自己做的。

（2）渴望讨别人喜欢，担心拒绝别人的请求会让人把自己
看扁了。

（3）对自己能成功地负起多少责任认识不清。

（4）具有完善的道德标准。他们会为"拒绝帮助"别人而
感到罪过。

（5）觉得自己低人一等，因而把别人看成是能控制自己的"权威人士"。

然而，不论出于何种理由，这些不敢说"不"的人通常会承认自己受感情所支配。不管过去的经历如何，他们从未在别人提出要求时有一个准备好的答复。

假如发现自己的拒绝是完全公平合理之时都很难启齿说"不"，那么请用以下这些方法帮助自己：

（1）在别人可能提出不能接受的要求之前做好准备。

（2）把你的答复预先演习一遍，准备三至四套可使用的句子（例如"对不起，我这几天对此只能说'不'""我正忙得脚底朝天呢"），对着自己大声练习几遍。

（3）当说"不"时，别编造借口。如果一个人有理由拒绝而且想把理由告诉别人，是很好的。要简洁明了，一语中的。不必煞费苦心地找借口，因为每个人都有充分的权利说"不"。

（4）在说出"不"之后要坚持，假如举棋不定，别人会心存希望而反复纠缠。

（5）在说出"不"之后千万别有负罪感。

如果，一个人实在不好意思把"不"字说出口，还可以采取以下几种方式。

（1）用沉默表示"不"。当别人问："你喜欢阿兰德隆吗？"心里并不喜欢的人可以不表态，或者一笑置之，别人即会明白。一位不太熟识的朋友邀请自己参加晚会，送来请帖，可以不予回复。这种态度本身说明，受邀者不愿参加这样的活动。

（2）用拖延表示"不"。一位男青年想和女郎约会。他在电话里问女郎："今天晚上八点钟去跳舞，好吗？"女郎可以回答："明天再约吧，到时候我给你去电话。"同事约女郎星期天去美容，女郎不想去，可以这样回答："我很想跟你一起去，可自从成了家，星期天就被家务没收啦！"

（3）用推脱表示"不"。一位客人请求服务员替他换个房间，服务员可以说："对不起，这得值班经理决定，他现在不在。"

和妻子一块上街，妻子看到一件漂亮的连衣裙，很想买，丈夫可以拍拍衣袋："糟糕，我忘了带钱包。"

有人想找人谈话，对方看看表："对不起，我还要参加一个会，改天行吗？"

（4）用回避表示"不"。某人和朋友去看了一部拙劣的武打片，出影院后，朋友问："你觉得这部片子怎么样？"可以回答："我更喜欢文艺片。"

某人正发烧，但不想告诉朋友，以免引起他的担心。朋友关心地问："给你测测体温吗？"可以回答："不要紧，今天天气不太好而已。"

（5）用反诘表示"不"。和别人一起谈论国家大事。当对方问："你是否认为物价增长过快？"可以回答："那么你认为增长太慢了吗？"

恋人问："你讨厌我吗？"可以回答："你认为我讨厌你吗？"

（6）用客气表示"不"。当别人送礼品，而又不能接受的情况下，可以客气地回绝：一是说客气话；二是表示受宠若惊，不敢领受；三是强调对方留着它会有更多的用途等。

（7）用外交辞令说"不"。外交官们在遇到他们不想回答或不愿回答的问题时，总是用一句话来搪塞："无可奉告"。生活中，当我们暂时无法说"是与不是"时，也可用这句话。

还有一些话可以用作搪塞："天知道""事实会告诉你的""这个嘛……难说"等等。

（8）以友好、热情的方式说"不"。一位作家想同某教授交朋友。作家热情地说："今晚我请你共进晚餐，你愿意吗？"不巧教授正忙于准备学术报告会的讲稿，实在抽不出时间。于是，他亲热地笑了笑，带着歉意说："对你的邀请，我感到非常荣幸，可是我正忙于准备讲稿，实在无法脱身，十分抱歉！"他的拒绝是有礼貌而且令人愉快的，但又是那么干脆。

（9）避免只针对对方一人。某造纸厂的推销员上某单位推销纸张。推销员找到他熟悉的这个单位的总务处长，恳求他订货。总务处长彬彬有礼地说："实在对不起，我们单位已同某国营造纸厂签订了长期购买合同，单位规定再不向其他任何单位购买纸张了，我也应按照规定办。"因为总务处长讲的是任何单位，就不仅仅针对这个造纸厂了。

若想自己的人生能按照自己的意识发展，就要懂得对生活说"不"，羞于说"不"的时候，可以恰当地运用上述方法。但是，在处理重大事务时，来不得半点含糊，应当明确地说"不"。

## 和和气气地拒绝

　　既要把"不"字说出口，又要赢得对方的理解和体谅，与他人保持良好的人际关系，实非易事。敢于说"不"，诚然不易，而善于说"不"则更加难得。给拒绝找一个适当的方式，确实是一门艺术。

　　生活中有着许许多多的"怪圈"，明明是对自己有利，总断然否决；明明这人不适合于自己，又碍于面子，难以拒绝；明明是自己不愿做的事情，在别人的盛邀下，只好勉强而为之。

　　的确，拒绝有时候真难！

　　但年轻人要想做出点成绩，我们就必须走出人情关系的误区，巧妙地把"不"字说出口。

　　小陈承包经营着一家技术开发公司。几年来，市场瞄得准，技术开发战略决策恰当，科技人员力量雄厚，经营管理科学，使得企业产值和利税大幅度上升，经济效益极好，因而引得许多人都想往这个单位钻。

　　一天，小陈的一个老上司打电话，想给他推荐一个职员，询问他能否接收。碍于面子，小陈就让老上司带着求职者来面试。

面试结果，发觉很不理想，收进公司吧，等于养了个庸才，而且会破坏公司制度的，进人口子过大过松，白送一份薪水不说，还影响公司长远发展；不接收吧，老上司以前待自己不错，碍于面子，不好拒绝。于是，小陈愁眉苦脸地请教朋友。

朋友问清情况后，提出了三点建议。

（1）从大处、长处着想，应当拒绝。

（2）要摆明单位实际情况，让老上司及求职者明白不接受的客观原因。

（3）要顾全老上司的面子，免伤自尊与和气。

两天后，小陈高兴地打电话过来，告诉朋友自己拒绝的办法和效果。小陈首先请老上司和那个求职者参观了解一下公司工作室各人员忙碌的情况和做事的难度，以及人事规章制度。接着向老上司汇报了在老上司以前指导下的发展情况，今年的承包合同指标。

"老上司，前几年，在您的指导下，公司发展很快，公司上下都非常感谢您的理解和支持。去年年初，我们按照您的指示修订和加强了管理制度和岗位用人制度，效果非常好，希望您能继续指导。对于您介绍的这个小伙子，所学与我们不对口，公司研究没有通过，也是怕影响今年的承包指标完成。如果有别的适合单位的话，我再想办法让他去试试。老上司，您看这样好吗？"

小陈通过让他们了解实际情况，明确地说出事实，"开诚布公"地拒绝了，即使不拒绝，求职者也很可能会畏缩。小陈特别点出根据老上司指导而定的制度，既大大恭维了老上司，给了他很大面子，同时又以制度和合同指标给老上司指出了自己的"两难"境地。此外，以本单位不适合，还有别的单位可能接收，留给对方一个后路。这种拒绝法真可谓洞察人性、巧布拒绝棋局。

学会巧妙拒绝人其实也并不是一件为难的事。就小陈的事情具体说来，可从如下几个方面入手。

（1）让对方了解实际情况和难处，开诚布公地拒绝，使对方相信你的真诚。

（2）拒绝时，要给对方留下面子，切不能伤人自尊。别人之所以来求职，一方面是公司的发展前景，另一方面也是公司的声誉。拒绝对方而不留面子，不仅会破坏彼此的关系，而且也会影响整体声誉，影响公司招纳贤才的礼让形象。所以绝对不能以伤人自尊的方式拒绝对方。

（3）力求使对方释然、高兴地退下。让对方感觉到公司的发展也有对方的一份力量（虽然不是公司职员，但局外人的支持和帮助也是难能可贵的），这使得公司增加了一份社会支持。

（4）此外，要在时间、地点上注意选择拒绝方式。一个原则是当需要拒绝时，要及早拒绝，坚决不拐弯抹角地拒绝，好让对方有所准备，避免招致对方的错觉和麻烦。

诚然，在良好关系下的拒绝，总会让人有点不安，但是不能因此就不拒绝。那么巧妙地布置，把交际当舞台，安排好拒绝的主角和配角，就会使拒绝成为一门创造性的人际交往艺术，既达到了目的，也避免了造成关系的僵化。

巧妙的拒绝，是伴随一个人通向康庄大道的一把小钥匙，不妨经常磨磨它，免得生锈了，它是一个人成功的好帮手。

# 第 *8* 章
## 疏通你的社交渠道

　　人际交往的拓展，会给你带来更多财富。人情建立在社交基础上，你需要给自己社交渠道的疏通进行一个良好的定位与规划。

# 以点带面交朋友

常言说："在家靠父母，出外靠朋友。"大学生异地求学、异地求职的情况比较普遍。面对激烈的市场竞争，远离亲人、在陌生的环境、不熟悉的领域要想寻找到自己的位置，的确是一件很具挑战的事情。因此不能把自己局限在狭小的"朋友圈"里，拓展朋友圈，积攒更多人脉是十分必要的。如何能够以点带面交到更多的朋友，参加聚会是一个非常好的办法，但我们经常会碰到这种情况：在一个众人聚集的场合，你怎样才能在人群之中脱颖而出，让更多的人注意你、重视你，让陌生人结识你，让不熟悉你的人成为你的朋友呢？

1. 在陌生场合下，可让熟人帮你牵线去结识陌生人

没有特殊关系，一般人不会主动将自己的朋友介绍给别人，尤其是在大家非常忙的时候。所以，想认识谁就要主动找熟人，请他给予介绍。比如，当朋友与别人交谈时，你可以主动走上前去同朋友打声招呼，说几句客套话。在一般情况下，他会主动将和他说话的人介绍给你。如果他不介绍，你可随便问一句："这位是……"他告诉你后，你可以乘机与对方说点什么，但不要聊

太长时间，否则不但会耽误朋友的事情，对方也会认为你是个不礼貌的人。简单地说两句之后，你应主动告辞，或者再加上一句："回头我们再聊，你俩先聊着吧。"或者当朋友与别人聊完后，你再找到他问一问："刚才和你谈话的人在哪儿工作？""那位在哪儿上班，是做什么工作的？"如果觉得有必要认识，还可以请朋友为你介绍一下："我想认识那位朋友，你帮我介绍一下好吗？"一般情况下，人们都愿意帮人介绍，因为这样显得自己很有本事，交际面广，朋友多。

2. 你可以主动请东道主给你介绍几位朋友

如果你去的场合是某单位或某人举办的活动，并且人不太多，你甚至可以让东道主把你介绍给大家，然后你就可以与任何一位新朋友谈话了。其他人会以为你与东道主关系亲密，也会很高兴认识你。即使你与东道主关系一般，但他只要把你请来了，也就会对你的要求予以满足。但你必须主动提出来。

有些人对与陌生人交往采取一再回避的态度。这一般有两种原因：一是不善于与陌生人交往，尤其是在人多的场合。二是不愿意与陌生人交往，他们会认为，与其同别人匆匆忙忙地打交道，不如自己干点实事更有意义。

其实，随着社会现代化程度的提高和交往范围的扩大，人们与陌生人的接触，无论在时间上还是在数量上都大大增加了。怎样与不同类型的陌生人相处，拓展陌生人的交际圈，已成为现代人不可或缺的基本功之一。

# 网罗身边资源

中国人有很重的乡土意识。住在某一地区的人们往往会受那个地区环境的影响而形成具有地方特色的风俗习惯、礼仪人情，从而孕育出绚丽多姿的中国各民族、各地区的特色文化，其中包括语言、服饰、生活方式等。各地区的文化往往成为那个地区人们生命力、凝聚力、亲和力的纽带。

当你身处异地，忽然发现自己土生土长，萦绕在耳边十几年的方言和交往方式失去了交流的功能时，你才会深刻体会到自己处在一个完全陌生的城市，再也不能用以前的那一套去和周围的人相处了。这时，你必须"脱胎换骨"。

"美不美，家乡水；亲不亲，故乡人。"当我们在异地碰上老乡时，共同的乡土文化会立刻把我们靠拢在一起。用自己的方言谈起家乡的山水人物，那是多么美好的交流时刻！所以，利用"老乡"关系建立人缘是很自然的事。

从某种程度上来说，乡情本身便带有"亲情"性质或"亲情"意味，故谓之"乡亲"。正如费孝通先生在《乡土中国》中所言："每一家以自己的地位做中心，周围画出一个'圈子'。"这个"圈子"，可以说是街坊、邻里，还有亲属；扩大一点，就是"步里"；再扩大一些，同一县，甚至同一省，都是老乡。"老乡见老乡，两眼泪汪汪"，感情自然非比寻常。

因此，中国的老乡关系是很特殊的，也是一种很重要的人脉关系。既然是同乡，当涉及某种实际利益的时候，"肥水不流外人田"，便会让"圈子"内的人"近水楼台先得月"。也就是说，必须按照"资源共享"的原则，给予适当的"照顾"。

如此看来，如何搞好老乡关系是非常重要的，不仅可以多几个朋友，最重要的是可以获得许多有用的东西，也许一辈子都会受益无穷。既然同乡观念在人们头脑中根深蒂固，足以影响一个人的发展前途，那么我们在日常交往中就不可忽视它。最起码，它可以为你在有求于人时提供一条"跑关系"的线索。对于同乡关系，只要不搞歪门邪道，没有到"结党营私"的程度，则完全是可以利用的。

当今社会人口的流动性很大，许多人离开家乡到异地去求职谋生。身在陌生的环境里，拓展人脉关系有一定的难度，那就不妨从同乡关系入手，打开局面。

在外地的某一区域，能与众多老乡取得联系的最佳方式当然是同乡会。在同乡会中站稳了脚跟，跟其他老乡关系处得不错，那就等于交结了一个人际网络。也许有一天，你就会发现这个人际网络的作用是多么巨大，不容你有半点忽视。

所以，结交好老乡关系，对于帮助我们办事，作用不可低估。

## 维系朋友关系要讲规则

虽然认识一个"朋友"容易,但是如何长久地维护朋友的关系,就是我们需要面对的一个重要的问题。朋友之间的相处,远非聚在一起大块吃肉、大碗喝酒那么简单,其实有很多需要你注意的地方。前面所说的那些只是一小部分而已,下面简单总结出另外8 条朋友之间的交往守则,供你参考。

1. 不要以为你和朋友关系铁,朋友的东西就是你的

《物权法》早就说了,你的东西就是你的,朋友的东西就是朋友的。小孩子都知道私人财产神圣不可侵犯,何况你又不是小孩子呢!

即使你认为朋友不会对你的"侵犯"介意,那你也要注意,可能朋友只是不好在面子上让你过不去而已。

不要随便翻人家的东西,不要看到好的物品就眼馋,虽然你的朋友会说:"喜欢就拿去吧。"可你还不知道,当你走了之后,说不定你朋友的妻子在背后说:"那小子,来我们家这也随便用,那也随便拿,完全不把自己当外人。下次来敲门,就装作没在家,别给他开门!"

朋友的东西和你的东西绝对要分清楚，不然到最后朋友疏远了你，你还不知道是怎么回事。

2. 不要以为你和朋友关系铁，就可以让朋友为你买单

这种事情偶尔一两次还可以，次数多了谁都"罩不住"，你的朋友肯定不会愿意再看到你。

老杨和朋友聚会，茶足饭饱之后他总是找借口溜走，时间长了，他的朋友都知道他的毛病了，以后聚会再也没人叫他了。

如果你不想像老杨一样，就不要让你的朋友一直为你买单，因为这样的朋友做不长久。如果你和你的朋友之间没有事先商量该如何买单，那也没关系，约定俗成就好了。朋友们经常聚会，如果不喜欢 AA 制，觉得那样没人情味，可以暂定一人付一次，风水轮流转，人人有份，只是转到你的时候别找借口跑就行。

还有，如果你和朋友结伴旅游，最好能各自拿出一部分钱做公共开支，比如付车费、油费、餐费等，不要一次旅游就让你的朋友觉得吃了大亏，弄得以后朋友都没得做。

3. 不要以为你和朋友关系铁，就可以侵犯朋友的私人空间

任何人之间的交往都需要把握一个适当的度，过近的结果往往导致过远。现代人都需要保持一个独立的生活空间，不要以为你们是好朋友，她的一切隐私你都有权知晓、过问、干预，更不可愤愤不平：凭什么瞒着我？古人说"君子之交淡如水"，这个"淡"，倒不一定是平淡、冷淡，而是像水一样清澈、纯净。亲情似血，浓得化不开；爱情似烈酒，饮之即醉；友情就是水，悠

缓明净，不必过分浓烈。闺蜜的私生活，如果她愿意说，你就听，并为之保密，如果她不愿意说，就不要瞎打听，好奇心太重会使对方害怕你，对你畏而远之。

4. 不要以为你和朋友关系铁，就可以天天黏在一起

朋友之间，需保持一定的距离，无论是什么样的朋友，无论关系多么密切，距离都是非常重要的。朋友，需用心去经营，需有一定的艺术性，不是在讲教，而是有切身的体会。对一个朋友，且不论男女朋友，不能太过于重视，否则对方会觉得压力很大，会被你的重视压得喘不过气来，让他感到压力，也会让自己过得很辛苦，但又不能过于疏忽，否则就有可能慢慢疏远而不会再有联系。无论是朋友之间，或是恋人之间，对对方的情感，肯定是无法对等的，总会有付出较多的一方，而往往是付出多的一方容易受到伤害，所以，现在很多时候和朋友相处，都要告诫自己，这样会让自己和朋友都不受伤害。

5. 不要以为你跟朋友关系铁，就可以不注重礼节

别以为你跟你的朋友感情好了，所以一切都可以随便，就算去到对方家，可以不用去在乎那些礼节。越是好的朋友越是礼节不能少，今天去拜访他家，绝对不可空着手去，一定要带点"礼物"，哪怕是一袋水果，所谓礼轻情义重。

你和你的爱人吵架了，可以去朋友那儿暂住。但一定要记得只是暂住，不要十天半个月还赖着不走。朋友嘴上不说，你也要识趣一点。

6. 不要以为你跟朋友关系铁，就可以随便向朋友借钱

向朋友借一次两次钱肯定是没有问题的，但关键是你不能把朋友当成取款机，自己没有钱了就来取。要真是这样，那就是你的问题了。

朋友之间的账要算清楚，不要妄图占朋友的便宜，欠朋友的钱应该尽快还。别以为没写借据就可以慢慢拖。朋友相信你、尊重你，才愿意在你困难的时候借钱给你，如果不但不感恩戴德，还以怨报德、不守信用，朋友还怎么相信你？

7. 不要以为你跟朋友关系铁，就可以让他来决定你的大事

在你遇到选择时，朋友的话只能作为参考，最终还要你自己决定，朋友可以为你提供参考意见，却不能让他给你做决定。

你的事只有你自己最清楚，该朝哪个方向走，该做哪个选择，只能你自己拿主意。你非要让朋友为自己拿主意，逼他代你做选择，万一选错了，你又来埋怨他，这就是你的不对了。别让你的朋友来给你顶压力，是你自己的事就一定要自己做选择。

8. 不要以为你跟朋友关系铁，就可以"直言不讳"揭人伤疤

朋友跟朋友之间应懂得互相成就，互相保护。每个人都有一些不愿意被提起的过去，如果不经意提起，人们很容易会再次陷入痛苦中，当我们揭开别人的伤疤时，对别人会造成极其严重的伤害，更何况是我们最要好的朋友。不要以为是朋友就可以直言不讳、不计后果地说话，朋友更需要理解和尊重，既然是朋友，你更要保护朋友的自尊心。不去伤害别人，懂得尊重别人才是真

学问。所以当我们揭别人伤疤的时候，我们自己的心量小而劣，学问根本就上不去。而这种嫉妒之心还会让自己的情绪很不好，甚至于会影响到我们对家人的心量，实在是一点好处都没有，所以要常常看到别人的优点，学会欣赏别人。

## 交友也要去粗取精

人们都说，认识一个人可以从他身边的朋友看起，可见你的交友圈就可以折射出你这个人，因此选择朋友至关重要。朋友在一起会互相影响，互相模仿，甚至互相比较，互相赶超，如果是这样，那你和什么人做朋友就决定了你是什么样的水平，即使原有的差距很大，也会在潜移默化中变成同样的水平。孟母三迁的故事我们都知道，它也侧面向我们传送了这样一个信息，跟优秀的人在一起，你也会变得很优秀。

上班族在一生中无论如何积极地扩展人际关系，也不可能和认识的所有人进行长期交往。为了和一个人保持密切的交往，务必筛选自己所结识的人们。倘若不如此，只会不断增加毫无意义的名片库藏量而已。即使好不容易认识了可以发挥作用的人，如果不加筛选，一定会被埋没在名片堆里。比方说，只要参加宴会或研习会，收到的名片可能相当可观。然而，你不妨认为在这堆名片中，可以成为人际关系关键人物的只有一个人而已。出席任何性质的聚会时，你应该抱持着只要能碰见一位这样的对象便是收获的念头。

即使是电影或小说，也没有人会认为自己看过的每部作品都生动有趣。让人产生想再看一遍、再阅读一次的作品，必定只占遇见其中的小部分，为了遇见这一小部分的作品，必须先遇见数量庞大的拙作。从观赏到的数十部电影中，只要能遇上一部让你钟爱一生的作品，即堪称幸运。

人与人之间的邂逅亦相同。让人产生交往一生念头的对象，是不可能轻易发现的。只要能结识一位这样的人物，就应该认为是当日的大收获。如果一味想着在那场宴会上不知可以获取几张名片，是再愚蠢不过的事了。

"只要能遇上一位有趣的人物就好了"，你只需抱着这种想法伸展触角即可。

当然了，你也有可能一位这样的人物也没碰上。我们毋宁说，这种情形在现实中占多数。遇上这种情形时，你没有必要勉强增加认识的人。倘若自认是无聊的聚会，尽速撤离现场也是很重要的。只要能够结识一位关键性的人物，人际关系即可飞跃性地获得扩展。因为如果对方拥有100人的人际关系，你通过此人即有可能获得那100人的人际关系。倘若你想凭借个人力量去接近同样的100人，肯定得花费庞大的时间和精力。

然而对此抱持误解，一心企图结识宴会或研习会所有出席者的人亦不在少数。在这种情形下，不仅对方不容易记住你，你也不可能牢记对方。因此你必须抱持的观念是，出席这类聚会 10 次里，只要能遇上一位关键人物就具有充分意义。在宴会或研习会上，关键人物不会逗留到最后。至于在正式宴会后举行的后续聚会上流连的人，也绝不会是关键人物。

结交关键人物是至关重要的，交友也要去粗取精。

## 掌握黄金社交的方法

某校青年教师于某是个脑子活络的年轻人，自从他的女朋友跑到深圳当白领后，他就琢磨着到深圳去当老师。到深圳去活动几次后，终于找到了一所愿意接收他的学校。现在唯一的问题就是让原来的学校放人了。于某天天缠着校长不放，校长终于松了口，把事情推给了教育局。于某到教育局去了几次，可总是解决不了问题，自己苦恼不堪。一位朋友了解此事后，指点他直接去找某主任，可他到办公室却扑了个空。正在懊恼时，突然发现办公室墙上挂着一幅字，落款是郭××。于某上大学时，一位教授就叫这个名字，而且字体看起来也很像。于某再一打听，主任与他毕业于同一所大学，这回于某想出了一个办法。第二天，于某又来到了主任的办公室，主任接待了他。于某先不忙着说事，故意将话题引到那幅字上，一下子两人变成了同门师兄弟，他们开始聊大学，聊恩师郭××，聊近况……最后，于某说出了自己的来意，主任非常爽快地把事情给于某办了。

于某之所以能顺利地办成事，还要归功于他善于求人办事。

可是怎样求人办事才能有效果呢？

1.迂回包抄，功到自然成

求人办事，是要找领导一类的人物，但当条件还不太成熟时，你可以采取迂回包抄的战术，先赢得他身边权威人士的同情或帮助，再借机对他加以影响，这样往往能取得意想不到的效果。

所谓权威人士，不见得都是坐交椅的尊神，但他们往往具有正式的身份，是能影响关键人物的决策的。

所以，你在求人办事的时候，千万不可对所求人旁边的人视而不见，他们在很大程度上关系到你的事情的成败。所以，你要认真对待他的子女、他的妻子、他的母亲、他的故交旧友等，以便在必要时让他们助你一臂之力。

2. 知己知彼好求人

你就要尽量多了解所求对象的为人、身世和关系户。只有熟悉了这些背景，你才能山不转水转、石不转路转。通过关系去和他结识，必要的时候，还要靠他的同学、他的亲戚朋友去为你说情。

3.投其所好套近乎

通过了解，掌握了你所要求的对象的兴趣爱好，这个时候，你就有了由头和借口，就很容易和对方缩短距离。有一位企业家喜欢书法，尤其喜欢收藏盛唐时期的碑拓。一个人想求他办事，于是专门找了一幅早年的碑拓去请他鉴赏。自报过家门后，把拐了几个弯的关系一讲，那位企业家还是一脸的冷漠，于是他马上转换话题，盛赞这位企业家是盛唐碑拓的鉴定行家，他有一幅碑拓，想请他鉴定一下辨别真伪时，企业家的脸色马上温暖如春。这个人展开了他的拓片，两人一边看，一边聊，谈得十分投机，临行前，他见那位企业家爱不释手，就以碑拓相赠，并顺便麻烦他一件小事，于是便大功告成了。

4.晴天留人情，雨天好借伞

"书到用时方恨少。"求人办事也是一样，叫作"人到用时方恨少"。所以，你平时就要到冷庙里去常烧香，因为他门庭冷落，就会对你特别留意，不会把你当作攀附之辈。一旦他时转运来，他还记着你的人情，你再求他办事，那是会有求必应的。

要注意的是，要讲方法，讲技巧，而不是一味压低姿态去求人。也就是说求人的态度要"矮"不要"卑"，太过卑躬屈膝只会让人看不起你，对办事也没什么好处。

# 交友不能只凭个人好恶

要想使自己左右逢源，拥有丰富的人际资源，就必须警惕各种人脉的盲区，避免各种处世的误区，比如说交往中只凭个人好恶行事、伤他人脸面、说话太过、做事过分、精明过头、不留余地、不讲分寸等。这样只会导致众叛亲离，使朋友成为敌人，从而失去拥有这样人脉资源而成功的机会。

一位老人坐在一个小镇郊外的马路边。有一位陌生人开车来到老人面前。陌生人下车问老人："请问先生，住在这个小镇上的人怎么样？我正打算搬来住呢。"

老人看了一下陌生人，反问道："你要离开的那个地方的人怎么样？"

陌生人回答："不好，都是些不三不四的人。我住在那里没快乐可言，因此我打算到这儿来住。"老人叹口气，说："先生，恐怕你要失望了，因为这个镇上的人，也和你那儿差不多。"

这位陌生人走了，继续去寻找他理想的居住地。过了一会儿，另一位陌生人来到老人面前，询问同样的问题。老人也同样反问他。

这位陌生人说："哦！住在那里的都是非常好的人。我在那里度过了一段美好的时光，但我正在寻找一个更有利于我的工作发展的小镇。我舍不得离开那个地方，但是我不得不寻找更好的发展前途。"

老人面露笑容，说："你很幸运。居住在这里的人都是跟你原来住的地方一样好的人，你将会喜欢他们，他们也会喜欢你的。"

这个小故事告诉了我们一个生动的道理：你想寻找敌人，你就会找到敌人，你想寻找朋友，你就会找到朋友，关键是看你的态度。如果你总是"以恶为仇，以厌为敌"，那么你的交往空间就会越来越小，人缘就会越来越差。

在北宋朋党纷争的政局中，王安石一意推行新法，忽略协调旧派以求人和政通，是他遭受旧派全力攻击的主要原因，也是新法推行的主要阻力。

旧派重臣名流，能否真诚接纳王安石，支持合作，本是一大问题，偏偏王安石个性也偏激执拗，自认"天变不足畏惧，祖宗不足取法，议论不足体恤"，不肯委曲求全，不设法沟通以获谅解，甚至不容忍接纳相反的意见，大大丧失人和，增添舆论的压力。尤其来自谏官的弹劾攻击，使新法的推行成为党派争执的口实，有你无我，一旦旧派抬头，新法也全面废弃了。

推行新法，先要沟通朝野观念，上求当政要员配合支持，下求社会大众了解接受，只靠一个皇帝全力赞成毕竟不够。

大举推行新法，要有足够的配合人手，切实负责，有为有守，并且须使这些推行人员对所执行的新法有充分的认识，还须受过推行方法的训练。不是一纸通令下去，大量用人执行，就能办得通办得好的。

王安石的才智、勇气与理想，在历史上是可以大书特书的。他在政治运作技术以及人际交往上所显示的缺失，却也是千百年来一大借鉴。

我们都愿意和自己喜欢的人交往，而不愿意和自己不喜欢的人来往。但现实生活却不可能满足我们这一愿望，我们的邻居可能正是我们不喜欢的：我们愿意安静，邻居则可能成天把音响开得震耳欲聋；我们喜欢清洁，邻居则总是把破破烂烂的东西堆满了过道；我们不愿被人打扰，但邻居却经常喜欢到我们家里来借根葱要头蒜的。在单位，也有我们不喜欢的同事，我们虽然尽量回避他们，但由于工作关系，我们不得不与他们打交道。我们为此而烦恼。

事实上，我们必须明白：世界上的人都是千差万别的，性格、爱好、观点、行为不一致的人在同一范围内生活相处是很自然的。如果纯粹以个人的爱恶喜厌来选择交往的对象，那就只能生活在一个越来越狭窄的小天地里。

那么，该如何跟自己不喜欢的人打交道呢？

（1）忍让，宁可自己受些委屈或吃点亏，也不要为小事而与对方争个脸红脖子粗，甚至打个头破血流。

（2）主动接近对方。你可以先伸出友好之手，你可以主动和对方打招呼。对方原来可能怀有的对你的戒备心或敌意就可能化解。你很客气地提出的一些问题，他们就可能会加以注意和改进。

（3）站在对方角度考虑问题。站在对方的角度考虑问题，你就可能体会他们的想法，从而修正自己的一些不正确的做法。这有助于双方关系的改善。

（4）接受他人的独特个性。人人都有其特点，不要试图改变这个事实。接受他的本来面目，他也会尊重你的本来面目。不要强迫别人接受你的观念。

（5）多想对方好的一面。对方也不是总是那么招你烦的，他们也有好的一面，试着去发现这一点。

以厌为敌，不但你所不喜欢的人与你隙缝愈深，而且周围其他人也会对你存有戒意，你的人缘会因此越来越差。久而久之，你会无路可走，自身也会成为众矢之的。所以，我们千万不要和自己不喜欢的人过不去，这样只会损害你自己的利益。

## 掌握不同领域的人际关系

一个人的人际圈总是和他人的人际圈相交叉的，绝对不会孤立地存在。处于这种交叉部位的人们，大多是彼此共同的朋友。

一个人的人际圈既能够为其自身价值的实现奠定基础和提供条件，也会在一定程度上制约其自身价值的发挥。有的人尽管是一匹好马，但因他的人际圈内缺乏伯乐而不得驰骋，经纶满腹也难有用武之地。有的人尽管能力还差一些，但因其人际圈内有伯乐而如鱼得水。所以一个人要想充分地去发挥自己的聪明才智，那么就需要他在充分利用自己现有人际圈内有利因素的同时，还要不失时机地去利用彼此人际圈相交叉部位内的有利因素，以此进一步拓展自己的人际圈。因为人际圈大了，你就有可能遇伯乐现身，反之，你若为伯乐，那么你就能够发现更多的千里马。诸葛亮之所以有机会辅佐刘备成鼎立之势，其雄才大略原本不为刘备所知，是其人际圈内有了徐庶的走马荐贤；曾忍胯下之辱的韩信，能被刘邦拜为大将军，是由于其人际圈内有了萧何的举能。

在你的人际圈内，你必然会影响到他人，他人也必然会影响到你。人们的社会活动，实际上就是人们在各自人际圈内的活动。正因为如此，人们在其圈内活动尤其是在核心圈内活动，持有一种榜样性的态度是很有必要的。这种榜样性的态度应该是：严以律己，宽以待人；己所不欲，勿施于人。

不用说，你肯定不会像鲁滨逊一样生活在一个荒无人烟的孤岛上。换句话说，你不是一个人在"战斗"，你有你的家人、朋友、亲戚，当然还有你所交往的圈子。用不着仔细分析详加论证，你就应该明白圈子的重要性。

有人的地方就有江湖，有江湖的地方就有圈子。可能你现在的交际范围有限，对圈子的体会还不是那么深刻，但用不了多久你就能体会到圈子对你有多重要。

涉世多年的人对圈子的重要性的体会更深一些。比如他们的孩子要上学，首先要了解哪所学校的教学质量好。这个时候，他们会直接找在学校当老师的朋友，这样消息更可靠。再比如他们家里的某个老人生病了需要上医院，这个时候他们会找在医院当医生的朋友，问问哪个医院的治疗效果好，哪个医生的资历高。老江湖遇到难事，一般会先在自己的圈子里寻找可以帮助自己的资源，实在不行，才会想其他办法。

可能你遇到困难时，并不认识那些能给你提供具体帮助的人。没有关系，不用着急，你可以试着问问你身边的朋友，看他们有没有认识的人。一个不认识，再问第二个，一直问下去总有一个人能为你推荐合适的人选。

不要觉得八竿子打不着的人跟你关系疏远，难以接近，其实没有你想象的那么难，何况还有你的朋友牵线搭桥呢。朋友的朋友也可能会成为你的朋友，据说一个地区内的任何两个人，一般通过 6 个人就可以认识。不信，你可以试试。

圈子决定了你人生舞台的大小，决定了你可以达到的高度和你一生中机遇的次数。说得更夸张一点，你圈子的数量和质量决定了你的一生。

那么如何才能获得更广泛的圈子和人脉呢？有一条简单的方法，那就是和你的朋友互换交际圈。互换是双赢的选择，圈子跟思想一样，你为朋友介绍人脉，朋友反过来也为你提供交情，这是一个皆大欢喜的结局，何乐而不为呢？

和你的朋友互换交际圈可以使你的交往更有效率。一个人短短的几十年里所交往的范围是十分有限的。据统计，一个普通人一生中能靠自己认识1800人就很不错了，而能保持联系的也就在200人左右，能经常联系的只有七八十人，核心圈子更是有限，一般只有二三十人。而和朋友分享人际圈子则可以有更多的朋友，这样做可以增加你的人气，拓展你的事业，还可能在圈子里收获爱情。

小金的另一半就是他的朋友介绍的。小金刚入社会时是个不爱说话、不爱交际的大男孩。眼看着别人都有恋人了，而他却连初恋的滋味都还没有尝过。有一次他参加了一个朋友的生日聚会，在聚会中认识了他后来的妻子雪铃，小金对雪铃一见钟情，就拉下脸来请朋友代为介绍，后来两个人很自然地走在了一起。在他俩结婚一周年纪念日时，小金特地请来了当初过生日的那位朋友，感谢他所带来的好缘分。想想看，命运就是这样——如果小金没有那个朋友，或者没有去参加朋友的聚会，那么他肯定没法和他现在的妻子见面，也没法获得这份甜蜜的爱情。

还有很多例子可以证明和朋友交换交际圈的重要性。比如现在很牛的MBA，学员们大多不也是奔这个交际圈子来的吗？朋友的圈子里，可能有你发展事业所需要的机遇，你可能得到一些不为外人所知、没有公开过的重要信息，或者找到你事业上的盟友。

阿里巴巴总裁马云和雅虎 CEO 杨致远的合作，不也是经过朋友的撮合才达成的吗？

在社会中混得久的老鸟，一般都会有自己稳定的人际圈子，刚进入社会的年轻人都很羡慕这些老鸟，会问他们的这些圈子是怎么来的。其实也没有什么秘诀可言，他们也是通过一步一步地交往积累来的。他们认识一个朋友，再通过这个朋友认识更多的朋友，就像一颗小水滴，慢慢地和周围的水滴融合，可以变成大水滴、小水坑，甚至水池。当然光融合还不行。不管新朋还是旧友，都需要细心呵护，用心经营。

如果你二十多岁找工作，需要去网上投简历，需要赶招聘会，那是很正常的；但是如果你三十多岁了，没有工作时一点儿办法也没有，还要去挤招聘会，那就不太正常了。要么是由于你能力不行，要么就是你的圈子太窄。如果你以后不想落入这种窘境，就要和朋友多来往，多了解朋友身边是否有自己能够利用的人际资源。

现实社会中的你，不可能仅靠自己的力量去跑人生的全程。生存和发展，必须学会与人合作，互通有无，互换资源。在人生的长跑中，和更多的朋友结伴同行，不是更轻松、更有趣吗？

# 结交一些优势互补的关系

在结交朋友时，我们都想结交那些"志同道合""心有灵犀"的朋友，但其实这样的交往常常会局限我们的交际圈，使人际资源大量流失。无论从工作或者生活来讲，我们都需要大量的人脉资源来填补自身资源的局限，如果我们能从互补的角度出发，选择那些自己在某方面有缺陷，而对方恰巧在这 方面有所专长的人来发展关系，那么就会使你在生意和做事上能够取人之长、补己之短，从而做成更大的生意，形成"立体交叉"效应。只有优势互补的关系才能调试我们在工作中的不足，才能使我们所赚取的利益最大化。

在美国的硅谷，流传着这样一个"规则"：有两个 MBA 和 MIT 博士组成的创业团队可以说是获得风险投资人青睐的最好保证。这也许只是个捕风捉影的故事，但里面却蕴含着这样一个道理：生意合作一定要注意人才搭配，注重优势互补。

这里的优势互补既是指性格，也是指才能，还是指行业。它是我们交友的一个重要原则。

而我们所说的立体交叉，可以从不同的角度去理解：从道德的角度来讲，就是不仅与那些比自己德高性善的人交际，也要适当与那些比较后进的人交际；从性格的角度上说，就是不仅与那些性格意趣相近者交际，还要适当与那些性格迥异、意趣不同者交际；从专业知识的深度和广度来说，就是不只限于和那些同一文化层次、同一专业行当的人交际，还应发展与那些不同文化层次、不同专业行业的人的交际。这样通过与各种不同类型的人物交往，尤其是那些与自己互补类型的人物交往，你就可以获得大量的情报信息，并在各个方面对自己的生意形成帮助。

有一位著名的企业家，在为自己挑选助手时，就很喜欢选择那些个性与自己完全相反的人。例如，他自己常常横冲直撞，不顾细节，于是他就应挑选一个深谋远虑，但是不肯轻易行动的助手；他自己是一个刚毅果敢的实干家，他的助手则应是一位博学多才的理论家；他给人的印象是温和愉快，他的助手给人的印象就应该冷酷而沉静；他的发言流利、圆滑，并夹杂着些许幽默，他的助手发言就应坚实而犀利。

正因为他们的个性和才学互不相同，所以合作起来才能取长补短，产生惊人的力量，不仅使企业避免了很多错误决策，而且使企业的业绩扶摇直上。这位企业家深知这一点，所以经常对他这位助手说："我此生能够遇到你这样的人才，觉得十分荣幸。因为只有你能够帮助我完成许多无能为力的事。"

可以看出，社会中有各种不同类型的人，比如动力型、开拓型、保守型、外向型、内向型等，而各人又有各自独特的、他人无法替代的优势和长处，以及各自的弱点和短处，只有将每个人的优势和长处，根据自己做生意的实际需要合理地搭配起来，构成有机的整体，实现优势互补，才能发挥出最佳的整体组合效应。要想做到这一点，你就必须注意多结交一些与自己优势互补的朋友。

在互补方面，你还有一类人际关系是必不可少的，那就是老年人。一般来说，青年人的性格如同一匹不羁的野马，藐视既往、目空一切、好走极端，勇于改革而不去估量实际的条件和可能性，结果常常因浮躁而改革不成，思考多于行动，议论多于果断。为了弥补这一缺陷，你就需要结识一些"忘年交"，从老年人身上去学习那些自己最需要的东西，比如坚定的志向、丰富的经验、深远的谋略和深沉的感情。而且老年人通常有着丰厚的人际关系资源，可以为你提供广泛的人际关系"门路"。因此在你的人际圈子中，老年人是必不可少的。

# 第 *9* 章
## 求人办事的策略

　　一个人的能力有限，求人办事在所难免，但如何求人却是一门大学问。有些人求人办事到处逢源，难事不难办，事事顺心，而有些人办事则是屡受挫折，小事也办不成，事事不如意，这里边的关键在于你是否会做足被求者的人情，让他人心甘情愿地为你办事。因此，求人办事必须学会并懂得人情世故，要在各方面做足对方的人情。

# 「先埋下"人情"日后再索要」

最有奇效、最显手段之高超的当属让对方先欠下人情，日后再想法索要。这无疑是求人办事的最高境界，熟练运用可使你路路畅通，办事不难。

感情投资是最为高明者，具体操作有如下几种。

1. 最大量赢得对方的感激之情

有位目前很活跃的油画画家，曾透露他在年轻时代过了一段非常困苦的生活，经常三餐不继。有一次，他把一幅连自己都没信心的画拿到画商那儿，画商看了半天，付给他一笔当时他认为很可观的钱。

人在困厄消沉中，有人向他伸出援助之手，可以使人产生长久的感恩之情。对画家来说，画商的钱的确成就了他的前途，因此，这位现在已成名的画家若有满意的作品，一定会交给那位画商，并且以普通价钱成交。

只有在别人困顿时伸出援手，才能得到真正的友谊。真正吃过苦头的人，才能了解人类微妙的心理。

在别人的婚礼上或荣升宴会上大肆破费，不如在人病痛或朋友有难时，伸出援手。如此一来，将来一旦求他，焉有不帮忙之理。

2. 先吃亏，后办事

想请人办事，就要让所求之人先欠个人情。自己先吃点小亏就是一个很管用的方法。不管是大亏还是小亏，对搞好人际关系有帮助，你要尽可能地吃下去，不能皱眉。尤其是大亏，有时更是一本万利的事情。"红顶"商人胡雪岩的发迹史实际上就是一个善于做人、善于吃亏的经历。

以吃亏来交友，以吃亏来得利，是一种比较高明和有远见的办事技巧。当然，吃亏也必须讲究方式和技巧。亏，不能乱吃，有的人为了息事宁人，去吃亏，吃暗亏，结果只是"哑巴吃黄连，有苦难言"。孙权就是这样，为了得回荆州，假意让自己的妹妹嫁给刘备，结果在诸亮的巧妙安排下，孙权不仅赔了妹妹，又折了兵，荆州还是在人家手中，这个亏未免吃得太不值得。

亏，要吃在明处，至少，你该让对方意识到。

智者说："吃亏是福。"因为吃亏你就成了施者，朋友则成了受者，看上去，是你吃了亏，他得了益，然而，朋友却欠了你一个人情，在友谊、情感的天平上，你已获得了一个筹码，这是比金钱、比财富更值得你珍视的东西。吃亏，会让你在朋友眼里变得豁达、宽厚，让你获得更深的友情。这当然会使朋友更心甘情愿帮助你，为你办事。

# 弯腰求人好说话

每个人遇到问题都有靠别人帮忙才能解决的时候，所以求人办事在所难免，但在大多数人心中都认为求人是低三下四的事，其实大可不必这样，求人办事时自己本身就低势于人，同时也只有这样才容易得到别人的认可，得到别人的同情。这种"低势"其实就是为了"欺骗"对方的眼睛，将自己强大、高调的一面隐藏起来，让对方忽视你，同情你，最后就能帮助你，让你获得良机。面对弱者，我们总是会伸出双手去帮助他们，面对低调者，我们总是给予最真诚的信任。因此，有求于人时，不妨先低头示弱！

在很多人心中总认为，低三下四地去求人是懦弱的，其实大可不必有这样的想法，因为人人都有求人办事的时候，何况是势单力薄的年轻人。

另外，中国人讲究尊卑礼仪，在求人办事时，更要把握好尊卑的尺度，认清自己的立场，不能自视太高。关键还要放下不必要的面子，主动将好的位置让给别人。

我们常听说这样的话，"求人不如求己""上山擒虎易，开口求人难"。人们总是认为求人办事是矮人一等，从不愿意把自己放在一个卑微的位置上，正所谓"求人矮三分"。其实人与人之间并没有高低贵贱之分，从严格意义上讲大家都是平等的，只是当你求别人时，尊重别人是一种礼节，表现出尊敬之意更能将对方的位置抬高，当你此时谦卑地去请求时，很容易让人出手相助。谦卑不等于卑微，谦卑的人即使遇到困境求助于他人，心中也不会丧失自信与尊严，这样的人拥有成事之心，即使身处低谷，也会坦然面对，并且谈笑风生；而卑微的人会将求人视为耻辱，他们内心懦弱，很怕丢面子，怕人看不起，其实正是他们自己将自己放在了卑微的位置上，这种心态是不利于成大事的，要想办成难办之事，首先必须克服"爱面子""不求人"的清高意识。

因此，在交际中首先应该搞清谁是求方、谁是被求方，这种求与被求的关系搞清之后，差别也就搞清了；其次应该根据这种尊卑差别确定自己所应采取的具体的交际方法、手段，特别是作为求方的交际者，应该清楚地意识到自己的卑微地位，一言一行、一举一动都要与自己所处的地位相吻合，否则，一旦颠倒了关系，做出失礼之举，就会有碍正常交际。为此：

1.求人办事，主动寻找突破口，而不是被动地等待

诸葛亮是一介布衣，而刘备是汉朝将军，社会地位的尊卑是不言自明的。但刘备不以原来的尊卑差别为念，为了让诸葛亮"展吕望之大才，施子房之鸿略"，帮助自己成就大业，他放下脸面三顾茅庐，才得此良臣。如果只讲原来的尊卑差别，不顾交际上的尊卑差别，像张飞所说那样"使人唤来，他如不来，我只用一

条麻绳缚将来"，那么刘备就得不到诸葛亮这一大贤才了。

2. 保持一种恭敬、谦卑的态度，即使求人也让人无法挑剔

《史记·留侯世家》中记载，有一长者想要有所教于张良，长者与张良约见时，两次张良都去晚了，张良因此遭到了长者的责怪。第三次约见时，张良再也不敢去晚了，很早就在约定地点等长者，长者到后，送给了张良一部《太公兵法》。

3. 求人帮助要放下面子并且真诚地回报对方

如果有机会，要主动给予对方帮助，以示报答。投桃报李，礼尚往来是处世的一个原则。应牢牢记住对方给予自己的帮助，做到"受恩莫忘"。滴水之恩，当以涌泉相报，这是交际中品德高尚的人所应遵循的准则。

在为人处世时，要把握好进退的尺度，但仅此还不够。重要的还在于要放下不必要的面子，受得了别人的奚落和拒绝，这里的关键是不能自视太高。

1923年，美国福特公司有一台大型发电机不能正常运转了，公司里的几位工程技术人员百般努力都无济于事，眼看要影响整个公司的生产计划。福特心里焦急万分，他只得到一个小厂里去请来一位很傲慢但据说对电机特别内行的德国籍科学家斯特曼斯。

斯特曼斯来到福特公司后只要了一架梯子和一根粉笔，然后爬上爬下在电机的不同位置静听空转时的声音。不久，斯特曼斯用粉笔在电机左边的一个小长条地方画了两道杠杠，对福特说：

"毛病出在这儿，多了 17 圈线圈，拆掉多余的线圈就行了。"

技工人员似信非信，但只能照他的话试试运气。不料电机果真奇迹般地正常运转了。大家都对斯特曼斯表示感谢。斯特曼斯却傲慢地说不要感谢，只要 1 万美元的酬金，并对目瞪口呆的众人说："粉笔画一条线只值一美元，但知道该在哪里画线的技术值 9999 美元。"

福特心里清楚，斯特曼斯尽管傲慢，会使自己失面子，但却是真正的人才，是企业走向发达的根本之所在，所以他不仅愉快地付了 1 万美元酬金，而且表示愿用高薪相聘。

谁知斯特曼斯却不为所动。他说他现在的公司曾在他最困难的时候救过他，他不可能见利忘义背弃该公司。

福特一听，更觉得斯特曼斯讲信用、重情义，如此人才实为企业所必需。于是，福特毫不犹豫地花巨资把斯特曼斯所在的公司整个买了下来。福特之所以能忍受在斯特曼斯面前"丢面子"，是因为他清楚成大事者必以人为本。

看来要想灵活地与各类人相处必须主动示好，放下面子。很多年轻人以前有家人呵护宠爱，因此对自己定位过高，殊不知于社会之中，自己不过是最平凡的人罢了。因为碍于面子，不敢做这不敢做那，更不愿意低头求人，只会让自己的路越走越窄，甚至会在关键时刻让自己无路可走。

## 先给甜头再提出要求

让对方知恩图报，心甘情愿地帮你办事是求人的一个很好的方法。为此，你不妨先让对方尝到甜头再提出要求。

法国皇帝路易十四执政期间，挥金如土，穷奢极侈，出现了严重的财政危机。路易十四为满足其挥霍享用的需要，打算向著名银行家也就是自己的老朋友贝尔纳尔借钱，却遭到了拒绝。

因为贝尔纳尔早已风闻此事，而且傲气十足。钱要借，国王也不能卑躬屈膝吧？路易十四左思右想，设下一计：

有一天下午，国王从马尔利宫走出来，和经常陪同他的宫廷人员一起逛花园。他走到一幢房子门前停了下来，那座房子的门敞开着，德马雷正在里面举行盛宴款待贝尔纳尔先生。当然，这桌宴席是事先奉国王之命准备的。

德马雷看见国王，急忙上前行礼。路易十四满面笑容，故作惊讶地看着他们说："啊！财政总监先生，我很高兴看到你和贝尔纳尔先生。"国王又转向后者说："贝尔纳尔尤生，我的老朋友，好久不见……对了，你从来没有见过马尔利宫吧，我带你去看看，然后我把你再交给德马雷先生。"

这是贝尔纳尔没有料想到的事，他感到能得到国王的邀请非常荣幸。于是贝尔纳尔跟在国王身后到养鱼池、饮水槽，在塔朗特小森林和葡萄架搭成的绿廊等处游玩了一遍。

国王一边请贝尔纳尔观赏，一边滔滔不绝地说了些为了达到某种目的而惯用的漂亮话。路易十四的随从们知道他一向寡言少语，看到他如此讨好贝尔纳尔都感到很惊奇。

游玩之后，路易十四还送给贝尔纳尔一箱非常贵重的葡萄酒，说希望他们的友谊地久天长。贝尔纳尔极度兴奋，答谢后回到德马雷那里，他赞叹国王对他如此厚爱，说他甘愿冒破产的危险也不愿让这位优雅的国王陷入困境。

听了这番话，德马雷趁着贝尔纳尔心醉神迷的时候，提出了向他借600万里弗尔的要求，贝尔纳尔欣然应允。

这600万里弗尔可不是一笔小数目，路易十四如愿以偿，当然不只是因为他们的朋友关系和国王的面子，而是与他的"糖衣战法"求人策略有很大关系。

因此，在求朋友办事时，尤其是一些交情不太深厚的朋友，我们不妨先给他点甜头，让对方高兴或欠个人情，这样他就会全力帮我们了。

## 在心理上满足对方

求人办事，如果能感动别人来帮助你，这是最好的办法。但要感动别人，就得从他们的需要入手。想要一个人帮你做任何事情，唯一有效的方法就是使他自己情愿。同时，还必须记得，人的需要是各不相同的，各人有各自的癖好偏爱。只要你认真探索对方的真正意向，特别是与你的计划有关的，你就可以依照他的偏好去对付他。

你首先应当将自己的计划去适应别人的需要，然后你的计划才有实现的可能。比如说服别人最基本的要点之一，就是巧妙地诱导对方的心理或感情，以使他人就范。如果你特别强调自己的优点，企图使自己占上风，对方反而会加强防范心理。所以，应该注意先点破自己的缺点或错误，使对方产生优越感。

此外，有些被求者，以为帮助了你，就等于有恩于你，心理上会不自觉地产生一种优越感，说不定还要对你数落一番。当你认为自己可能会被人指责时，不妨先自己数落自己一番，当对方发觉你已承认错误时，便不好意思再指责你了。

有一位年轻人是美国有名的矿冶工程师，毕业于美国的耶鲁大学，又在德国的弗莱堡大学拿到了硕士学位。可是当年轻人带齐了所有的文凭去找美国西部的一位大矿主求职的时候，却遇到了麻烦。原来那位大矿主是个脾气古怪又很固执的人，他自己没有文凭，所以就不相信有文凭的人，更不喜欢那些文质彬彬又专爱讲理论的工程师。当年轻人前去应聘并递上文凭时，满以为老板会乐不可支，没想到大矿主很不礼貌地对年轻人说："我之所以不想用你就是因为你曾经是德国弗莱堡大学的硕士，你的脑子里装满了一大堆没有用的理论。我可不需要什么文绉绉的工程师。"聪明的年轻人听了不但没有生气，反而心平气和地回答说："假如你答应不告诉我父亲的话，我要告诉你一个秘密。"大矿主表示同意。于是年轻人对大矿主小声说："其实我在德国弗莱堡大学并没有学到什么，那5年就好像是稀里糊涂地混过来一样。"想不到大矿主听了却笑嘻嘻地说："好，那明天你就来上班吧。"就这样，年轻人在一个非常顽固的人面前通过了面试。

美国著名政治家帕金斯30岁时就任芝加哥大学校长，有人怀疑他那么年轻是否能胜任大学校长的职位，他知道后只说了一句话："一个30岁的人所知道的是那么少，需要依赖他的助手兼代理校长的地方是那么多。"就这短短一句话，使那些原来怀疑他的人一下子就放心了。人们遇到了这样的情况，往往喜欢尽量表现出自己比别人强，或者努力地证明自己是有特殊才干的人，然而一个真正有能力的领袖是不会自吹自擂的，所谓"自谦则人必服，自夸则人必疑"就是这个道理。

在办事过程中，你要努力做到这点——先在心理上满足对方，这样事情就会变得简单、顺利多了。

## █央求不如婉求█

生活处处有难题，求人办事也要讲求点技巧，很多人在求人办事的时候用的是一种央求的方式，甚至是恳求，但是事后发现低声下气的效果并不是很好，甚至还会引起别人的反感，既达不到请求的目的，还会影响彼此的关系。

一个员工因为犯了一个小错误被老板开除了，如果发生在别人身上，这是一件很简单的事情，只要重新找一份工作就可以了，但是对于这个员工来说，这份工作非常重要，是非做不可的。所以为了让老板重新给自己一次机会，他就一次又一次地去央求老板原谅自己，但是老板都没有答应。这个员工看央求老板不行，于是就转换方向，去央求老板的妻子，让她帮忙给老板说说，原谅自己，给自己一次机会，但是老板娘也没有答应，一次、两次……在这个员工第五次去央求老板娘的时候，老板娘终于发火了，不仅三言两语就打发了对方，还和自己的朋友说，这个人真是烦人，这么死皮赖脸来求人家，也不知道他自己是怎么想的，这样的人连自尊都没有了，对公司还有什么帮助？

可见央求不如婉求，婉求是掩盖自己的真实目的，以虚掩实，让对方无从察觉，不直接出面或不直取目的，而是绕开对方可能不应允的事情，选择一个临时拟定的虚假目的做幌子，让对方接受下来，当对方进入圈套之后，求人目的也就达到了。它的最大特点就是含而不露和露而不显。在求人办事的时候，不妨一用。央求的方式不仅不能达到目的，反而会让自己失去自尊、失去原本可以抓住的机会。在很多人眼中，央求虽然说很低调，但是低调过了头就是一种没有尊严的表现。所以，在求人办事的时候最好善于婉求。委婉地请求，同样能达到非常好的效果。毕竟，婉求可以掩盖自己的真实目的，以虚掩实，让对方无从察觉，即便对方知道了婉求者的真实目的，也不会当面拒绝的。

当然，求人是一门大学问，婉求也有技巧，主要可以从以下几个方面入手。

第一，取得对方信任，在此前提之下从奉托小事入手，然后再一步一步地请求对方为自己办事。一旦对方进入自己的计划之中，就可以进一步巩固彼此之间的关系，为完成自己的目的进一步打算。如果不明白，那么不妨看看美国人雷特是怎么做的。

美国人雷特是格里利创办的《纽约论坛报》的总编辑，随着事业的发展，他发现自己身边缺少了一位精明干练的助理，如果有这样一个人，自己的事业能发展得更快一些，所以他决定寻觅这样一个助理。寻觅不久之后，雷特将目光定位在了年轻的约翰·海身上，他希望约翰·海能帮助自己完成自己的梦想——成为成功的出版家。而当时约翰刚从西班牙首都马德里卸任外交一职，准备回到自己的家乡伊利诺伊州从事律师职业，对雷特的事业没有多大的兴趣。但是雷特看准了约翰是把好手，如果能够把他拉到自己身边，将会让自己如虎添翼。可他怎样使这位有为的青年抛弃自己的计划来报社就职呢？雷特陷入了深深的思考，不久之后，他就想出一个好方法：婉求！

为了取得约翰的信任，雷特请他到联盟俱乐部去吃饭。饭后，他提议请约翰到报社去玩玩，让他知道自己的工作是干什么的。从许多电讯中间，雷特找到了一条重要消息，恰巧负责这个消息的国外新闻编辑不在，于是雷特就对约翰说："请坐下来，麻烦你帮我为明天的报纸写一段关于这条消息的社论吧。"约翰连想都没有想就答应了，提笔就做。结果果然不出雷特所料，约翰的社论写得很棒，雷特同事看了之后也很赞赏，于是雷特请他再帮一个星期、一个月，渐渐地雷特干脆让他担任这一职务，而这个时候约翰也因为一个星期、一个月地做着这个事情，慢慢地喜欢上了这个行业。就这样，约翰在不知不觉中放弃了回家乡做律师的计划，留在纽约做新闻记者了。

这就是婉求，雷特凭着这一策略，猎获了他物色好的人选，而约翰也在试一试、帮朋友忙的动机下，毫无压力地接受了对方的婉求，放弃了设定好的人生取向，而选择做新闻记者。在拉拢约翰之前，雷特没有选择央求的方式，他甚至一点都没有泄露自己的本意，只是劝诱约翰帮自己赶写一篇小小社论，而约翰也不会因为这一件小事而拒绝对方。于是雷特最后圆满地实现了自己的求人目的。由此可以得出一条求人的规律，那就是：央求不如婉求。

第二，引起别人的兴趣，让别人出于个人兴趣自觉加入自己的事业中来。要婉求别人去做一些很容易的事情时，得先让对方体会到其中的乐趣或者是强烈的刺激，产生一种一探究竟的渴望。那么这样的请求肯定能成功。

贝尔是电话的发明人，但是他没有足够的资金来推广这项发明，所以他一直在寻求能够提供资金的合作者。一次，他来到一个叫许拜特的大资本家的家中，想要从他那里拉到一些资金。但是他知道许拜特是个脾气古怪的人，向来对电气事业不感兴趣，想要从他那里拿到推广电话机的资金是一件非常困难的事情。但是贝尔没有放弃，而是想着该怎样让他发生兴趣并为之解囊。

来到许拜特的家中，贝尔没有直截了当地向对方说明推广电话机预算能获得多少利润，也没有对他解释电话机的科学道理，而是坐了下来，弹起了客厅里的钢琴。弹着弹着，他忽然停了下来对许拜特说："你可知道，如果我把这只板踏下去，向着钢琴唱一个声音，这钢琴便也会复唱出这声音来。譬如，我唱一个Do，这钢琴便会应一声 Do，这事你看有趣吗？"

听到这些，许拜特放下手中的书本，好奇地问："你能告诉我这是怎么回事吗？"这时，贝尔才详细地向他解释了和音和复音电话机的原理。通过这次谈话，许拜特愿意负担一部分贝尔的实验经费，贝尔如愿以偿。

　　这也是一种婉求的方式。事实证明，婉求的方法是正确的，可行的，效果也是相当明显的！

## 读懂虚荣心理学

　　人性的弱点决定了人是最禁不住恭维的。求人办事，必须学会说别人爱听的话，只要话说到心坎里了，事情也自然好办了。

　　在世俗社会里，了解对方心理的人，办事儿也会顺当些。当一个人听到别人的恭维话时，即使明知对方是故意拣好听的说，但心里还是舒服，口里连说："哪里，我没那么好。""你真是很会讲话！"

　　爱听顺耳话是人的天性，也是人性的弱点。听到对方的鼓励和赞扬时，心中会产生一种莫大的优越感和满足感，自然也就会高高兴兴地听从对方的建议。

　　相信谁都有到私人商摊处买衣服的经历，试衣时，肯定会受到摊主的恭维："啊！真漂亮！穿起来非常合身，朴素、大方、有风度。你显得比以前年轻了几岁。"结果往往是本来不想买那件衣服的，却买回来了。

　　要想在办事儿时求人顺利些，首先就要放下面子，尽快地养成随时开口说顺耳话的习惯。俗话说"习惯是人的第二天性""习惯成自然""习惯成性"，当说顺耳话已经变成你的习惯时，你的沟通能力就会相应提高。

对初入职场的年轻人而言，没什么不好意思的，要懂得恰如其分地说顺耳话。会说话同会办事儿是相辅相成的。话说得好听，说得到位，任何人都易于接受对方提出的条件和要求，否则即便是一件简单的事情，也容易办砸，所以要想把事情办成功，就要学会顺水推舟地说顺耳话。

几乎任何人都爱好虚荣，当每个人在做没有多大把握的事情时，极乐意看到自己在这些事情上的表现，获得别人的称赞。对这些没把握的事情中任何一桩加以颂扬时，都会收到所期望的功效。

赞扬与欣赏对方的某个特点，意味着肯定这个特点。只要是优点、是长处、对集体有利，就可毫无顾忌地表达自己的赞美之情。对方也需要从别人的评价中，了解自己的成就以及在别人心目中的地位。当受到称赞时，个人的自尊心会得到满足，并对称赞者产生好感，从而更乐意帮助办事。

求人时，切忌夸夸其谈，在对方面前显示自己的聪明才智，这会让对方误以为你是个自大狂，恃才傲慢、盛气凌人，从而在心理上产生抵触情绪，更别说让对方办事。

# 拉近双方的心理距离

在办事中，不少人自觉不自觉地产生一种个性表现欲，其实如果你能多一个心眼，这恰恰就是通过发挥你的能力得到良好沟通的切入点。比如一些人有多称许心理，一些人有成就心理，一些人有自炫心理，一些人有好胜心理……如果你能把满足对方的心理需求作为用"情"的切入点，对方和你的心理距离也就随之缩短了。具体做法可参照以下六点。

（1）激励法。用一两句鼓舞的话，满足对方的成就感心理。人们都希望尽量做好自己喜爱的工作并取得令人称道的成就，这种成就心理如果能得到别人的激励，就必定能引起他的感激心理和报偿心理。这可以大大提高办事的成功率。

（2）赞扬法。满足对方的多称许心理。人们都有一种显示自我价值的需要。真诚的赞扬不仅能激发人们积极的心理情绪，得到心理上的满足，还能使被赞扬者产生一种交往的冲动。比如你可以说："你不是不行，只是真人不露相。对我，你可别掖着藏着了。"经这么一捧，有多称许心理的人哪还沉得住气？

（3）问候法。这种沟通法很能满足人的自尊心。尤其是一些上了年纪的人，获得你的尊重，表明了你对他德行、品行、学识、才华的认可。位尊者与位卑者都期望别人尊重自己。因此，那些懂得尊重别人的人，对方对他产生好感就是情理之中的事了。而主动问候不但能显示自己的修养，而且也是最便捷、最简单的沟通方式。

（4）欣赏法。这种方法能满足对方的自信心理。很多人往往对自己所崇信的对象或采取的做法坚信不疑，有时宁愿相信自己一向认定的事实，也不愿意接受来自他人的纠正。他所喜欢的东西如果能够得到你的欣赏，你便能得到他的认可。与此种人打交道时，从这方面迎合对方，沟通的缺口也就被你打开了。

（5）求教法。这种方法能满足人的自炫心理。尤其是那些爱在他人面前显示自己的聪明才智的人，你若是把他擅长的方面找个"点"有意地请教他，他便能引以为荣。如果想同这些人结识相交，那采取求教法是最有效的"切入"。

（6）投合法。生活中我们常常听到这样的话：谁与谁说不到一块去，一见面就较上了劲；谁与谁很投缘，恨不能穿一条裤子。说不到一块去就是没有共同的兴趣和爱好，很投缘就是情趣相投。人们一般都喜欢和那些与自己有"共同语言"的人交往，而情趣相左的人交往则往往不大容易成功。那么，如果你希望获得良好的沟通，就可以从寻找共同情趣"点"切入。但需注意的是，这种办法比较普遍，使用时要小心，别被对方看出来你是恶意的吹捧。

## 设身处地替对方着想

在求人的相持阶段，对方可能提出一大堆理由来搪塞或拒绝。这是一场较量智力、耐力和嘴上功夫的拉锯战。有时，正面强攻不下，不妨试着换一个角度，站在对方的立场上，从对方身上找到不得不帮你的理由。

卡耐基的一次经历，可以作为游说的典范。他是这样请求一家旅馆经理打消增加租金的念头的：

我每季均要在纽约的某家大旅馆租用大礼堂二十个晚上，用以讲授社交训练课程。

有一季，我刚开始授课时，忽然接到通知，要我付比原来多三倍的租金。而这个消息到来以前，入场券已经印好，而且早已经发出去了，其他准备开课的事宜都已办妥。

很自然，我要去交涉。怎样才能交涉成功呢？他们感兴趣的是他们想要的东西。两天以后，我去找经理。

"我接到你们的通知时，有点震惊。"我说，"不过这不怪你，假如我处在你的地位，或许也会写出同样的通知。你是这家旅馆的经理，你的责任是让旅馆尽可能多盈利。你不这么做的话，你的经理职位难以保住。假如你坚持要增加租金，那么，让我们来合计一下，这样对你有利还是不利。"

"先讲有利的一面。"我说，"大礼堂不出租给讲课的而是出租给办舞会、晚会的，那你可以获大利了。因为举行这一类活动的时间不长，他们能一次付出很高的租金，比我这租金当然要多得多。租给我，显然你吃大亏了。"

"现在，来考虑一下'不利'的一面。首先，你增加我的租金，却是降低了收入。因为实际上等于你把我撵跑了。由于我付不起你所要的租金，我势必再找别的地方举办训练班。"

"还有一件对你不利的事实。这个训练班将吸取成千的有文化、受过教育的中上层管理人员到你的旅馆来听课，对你来说，这难道不是相当于做了不花钱的活广告？你也可以自己想办法邀请这么多人亲自到你的旅馆来参观，可现在不用你想办法我的训练班已经给你邀请来了。这难道不合算吗？"

讲完后，我告辞了："请仔细考虑后再答复我。"

当然，最后经理让步了。

这里我要提醒你注意，我获得成功的过程中，没有谈到一句关于我要什么的话，我是站在对方的角度想问题的。

可以设想，如果卡耐基气势汹汹地跑进经理办公室，提高嗓门叫道："这是什么意思！你知道我把入场券印好了，而且都已发出，开课的准备也已全部就绪了，你却要增加300％的租金，你不是存心整人吗？300％！好大的口气！你疯了！我才不付哩！"

想想，那该又是怎样的局面呢？大争大吵必然炸锅了，你会知道争吵的必然结果：即使卡耐基能够说得过对方，对方的自尊心也很难使其认错而收回原意。

汽车大王福特说过一句话：假如有什么成功的秘诀的话，就是设身处地替别人想想，了解别人的态度和观点。

求人办事时不要只站在自己的一边去想去求，更应该站在对方的立场上想：如果我是他，我怎么样才有兴趣帮他办事？我为什么帮他办事？这是用"情"的最佳切入点，可以柔化规则。

## 无论事成与否都要感谢对方

著名心理学家美国人威廉·詹姆斯，在著书期间生病住院。那个时候，有位朋友送给他一束花和写着感谢的卡片，詹姆斯博士在回函中写道：

"人性最深处——渴望被人感谢。"

同样地，在求人办事时，你用真诚的心去感激别人，就会拉近心与心的距离，形成良好的人际关系。在此，你要记住的是：无论事情办成与否你都应该感谢对方。

但是，在求人办事时，往往有许多人存在这样的心态：对方帮自己办事，如果办成了，理所当然地要感谢对方。如果事情没有办成，就认为不必感谢对方了，更有甚者还埋怨对方。其实，这种心态是不对的。即使对方没有帮你把事情办好，但他可能已经尽了自己的最大努力，事情没有办成，可能是由于其他原因所致。因此，这种情况下你仍然需要感谢对方。

求人办事，不管对方是不是把事情办成了，你都要感谢他们。因为，在现实生活中，求人办事并不是"一锤子"买卖，可能这次由于种种原因对方没有帮你把事情办好，但说不定下次他就有机会帮助你办好其他事情。如果你认为对方反正这次没把事情办好，那就没有必要去感谢他了，好像无功就不应当受禄，不值得去感谢，这样，对方就会认为你这个人没有人情味，以后就不太可能再帮助你了。

有一个在外地工作的年轻人，春节时准备回老家过年，但他临时有任务必须加班，抽不出时间提前去买火车票，于是把此事托付给他的一个好朋友。

朋友听后马上跑到火车站，辛辛苦苦排了几个小时的队，由于春节期间车票紧张，轮到他时，火车票已经卖完了，于是朋友无功而返。年轻人听说后心里很不高兴，不但连一句感谢的话都没有，还给了朋友一个难看的脸色。

朋友排了几个小时的队，虽然没买到车票，但没有功劳也有苦劳，他却连一句感谢的话都没听到，相反还被人埋怨，于是非常生气，一句话也没说就走了。

因为没有帮上忙，那位朋友本来就感到十分内疚，加上遭受朋友如此待遇，他更是难以忍受。从此以后，年轻人就失去了这位朋友，他永远不可能再期待这位朋友为自己办事了。

生活中这样的例子很多。但是对于一个办事高手来说，即便朋友没把自己的事情办好，还是要感谢他。这样不仅维系了友谊，也为以后的交往打下了坚实的基础。

福特是美国石油大王洛克菲勒的好友，也是帮助他创建标准石油公司的合作伙伴之一。但有一次，洛克菲勒与福特合资经商，因福特投资失误而惨遭失败，损失巨大，于是，福特心中很感不安。

有一天，福特走在路上，正巧发现洛克菲勒与其他两位先生走在他后面，他觉得没脸回头，假装没有看见他们，一直低头往前走。可就在这个时候，洛克菲勒叫住了他，走上前拍了拍他的肩，微笑着说："我们刚才正在谈有关你的事情。"福特脸一红，以为洛克菲勒要责怪他，于是他说："太对不起了，那实在是一次极大的损失，我们损失了……"想不到洛克菲勒若无其事地回答道："啊，我们能做到那样已经难能可贵了。这全靠你处理得当，让我们保存了剩余的60%的资金，这完全出乎我的意料，谢谢你！"洛克菲勒没有因为福特没把事情办好而去埋怨他，相反，还找出一堆赞美和感谢的理由，这真是出乎福特的意料。此后，福特非常努力地做事，不仅为洛克菲勒挽回了损失，而且还为公司赚了不少钱。

由这个例子中洛克菲勒的表现我们也可以看出：求人办事，不要太苛求，只要对方为你办事，无论事情办成与否，你都应向对方表示一定的感谢，这无疑会给办事的人以信心和鼓励，使得两人的感情更为融洽，也为对方下一次为你办事预留了感情的资本。

如果别人为你办事历尽周折，但因种种原因没有帮你把事情办成，而你却连句"谢谢"和鼓励的话都没有，那你就不要期望对方以后会再帮你做任何事情了。

# 第 *10* 章

## 赢得机会的策略

机会不是等来的，而是自己主动争取得来的。为了使自己能够拥有远大前程，抓住机会是首要方法，而做足人情又是赢得机会的必胜策略。怎样能不错失良机，把不可能变为可能，还需要在人情上多做文章。

# 放长线才能钓大鱼

万事求人难，相信只要求过人的人心中都有这样深刻的体会。现实生活中，为了求人办成事，人们运用各种各样的方法，可以说无所不用其极。当然其中有的方法可取，有的方法不可取。虽然，各种各样的方法都收到了一定的效果，但运用人情效应有预见性地进行感情投资，放长线，钓大鱼，却可以起到事半功倍的作用。

日本某电子产品加工企业的老总山本二郎就非常善于使用感情投资，他用这种方法为自己企业的发展赢得了稳定的客户关系。

由于是一家加工企业，所以他必须长期地承包那些大电器公司的工程才能维持企业的生存。为了赢得稳定的客户关系，他对这些电器公司的重要人物常施以小恩小惠。不过他与一般企业家交际方式的不同之处是：不仅奉承公司要人，而且对无关紧要的年轻职员也颇为殷勤。

表面看来，山本二郎的做法似乎没有必要，但谁都知道，山本二郎并非无的放矢。因为在做这些事之前，山本二郎总是想方设法将这些电器公司内部职员的学历、业绩、工作能力以及他们的人际关系，做一次全面的调查和了解。通过调查，他认为某个人大有可为，以后会成为公司的要员时，不管他有多年轻，山本二郎都积极与他建立交情。他这样做的目的，是为日后获得更多的客户资源做准备。

如此一来，10 个欠他人情债的人当中有 9 个会给他带来意想不到的收益。虽然，目前看起来，他做的是"亏本"生意，但日后他会成倍地收回投资。

所以，当他所看中的某位年轻职员晋升时，他便会立即跑去庆祝，赠送礼物，同时还邀请他到高级酒店用餐。一般情况下，年轻人没有什么机会出入这些高级的场所，因此，对他的这种盛情款待自然备受感动。他会想山本真是个大好人，以后有机会一定要报答他。无形之中，这位年轻人自然就产生了知恩图报的想法。

正在受宠若惊之时，山本二郎却说："我们企业能有今天，完全是靠着公司的抬举，因此，我向你这位优秀的职员表示谢意，也是应该的。"他这样说的用意，是不想让这位职员产生不必要的心理负担。

这样，当有朝一日这些职员晋升至处长、经理等要职时，他们都还记着这位山本二郎的恩惠，自然忘不了报答他这位大恩人。因此，在经济大萧条时期，许多承包商都倒闭或者破产了，但山本二郎的企业却仍旧生意兴隆，原因就在于他平常就十分注意感情投资。

在这个例子中，山本二郎采用的就是"放长线，钓大鱼"的感情投资策略。事实证明这种策略很有效。所以，平常我们应当尽量把眼光放长远一点，多进行人缘方面的感情投资，即便在短期内这种投资不能获得收益，总有一天我们得到的回报会成倍地翻滚。

用"放长线，钓大鱼"的方法，求人办事时需要有耐心，这和钓鱼的道理有点相似。可通过下面的"三部曲"做简单介绍。

（1）做饵与下钩。这时候你需要掌握要钓的鱼爱吃什么食（即要针对的人用什么能够激起其欲望），鱼饵是否更能奏效，等等。下钩要找对合适的"鱼塘"（即场合）及合适的时机。

（2）守竿。此阶段一要有耐心，为人不可急功近利，不要"一下钩就想见到鱼"。二要冷静，给"鱼"一点点"甜头"还不足以使其上当，也许对方是在试探是否安全。

（3）收钩。这是最关键的时刻，到嘴边的肉却没吃到的情况大都发生在这个时候。此时务必要深藏不露，一旦稍露峥嵘或过于急促，便会功亏一篑。老于世故者，定会随机收放，张弛相宜，吊足对方胃口，让钩进嘴更深，钓得更牢。

只有掌握了上面3点才能钓到大鱼。

## 巧妙地说出你的期待

小文初到北方某城市打工，由于一时没有找到固定的工作，经济相当拮据。

转眼冬天就来了，为了取暖，小文去旧货市场买了一台二手的电热油汀取暖器。可惜没用两天，油汀就坏了。

没办法，小文只好去找附近的一位修理工为他修理。

修理工打开油汀，检查了半天，然后敲着油汀说："这玩意儿太旧了，线路、开关都烧坏了，我修不好。"

"你两下子就查出了问题，一看就很有经验，肯定能修好。"小文满怀希望地对修理工说。

修理工站起身来，盯着里边都上锈了的油汀，半天不吭声。

"真的，从你的动作，就能看出你是修电器的高手。"小文又给修理工注射了一支强心剂。

也许以前没有被人这样称赞过，修理工有点不好意思了。

"我尽量给你想办法吧！"他说完，蹲下身，又开始捣腾那个刚被他判了死刑的油汀。

一个半小时之后，油汀修好了。

　　有人说：如果一个人以赞美的方式说出自己对对方的期待，这个期待就很容易实现。如果你想要某个人拥有某一方面的才能与特质，你就应该把他看成已经拥有了这方面的才能与特质，并且夸奖他。

　　每个人都是有潜力可挖的，然而，在很多时候，人们又是自卑的。人们总是担心自己的能力不足，害怕失败，即使是对自己想要从事的工作，也不敢轻易承诺。这时候，他需要的就是鼓励，别人的期待与信任就是对他最好的鼓励。

　　一个人，一旦感受到别人的期待，又接受了别人的赞美，他的自尊心、虚荣心、自信心就被激发了，哪怕事情再麻烦、自己的能力再有限，他也不愿看到别人对他的期望破灭。为了不辜负他人，为维护别人给自己的好名声、好形象，他会竭尽全力。

　　就像那位修理工，他对修好破旧的油汀原本没有信心，但小文就一个劲地夸奖他，说他有经验，是修理电器的高手。这样一来，修理工就会觉得自己不尽最大努力去修这个油汀就愧对了小文。于是，即使他还怀疑自己的能力，即使他知道这活会耗费他很多时间，他又不能从中挣多少钱，他也会尽力去尝试。

　　"期望对方做什么，就赞扬他什么"，这话对管理者相当有用。

　　盲目地用空话、套话鼓励、褒奖下属，不会有多大的效果。上司总是给下属"很好""不错""棒极了"等泛泛的鼓励、褒奖，下属不会有多少美好的感觉。

　　如果你期望下属拥有某方面的品行或才能，而下属偏偏没有，你大可不必泄气，你不妨公开地假设或宣称他已经有了你希望他拥有的那种品行与才能。

如果你希望对方有创意，不妨说："我知道你很聪明、有创意，这个文案就靠你了。"

如果你希望对方能更快地胜任领导工作，不妨说："你天生具有领导才能，我相信在你的带领下，你们组能成为一流的团队。"

如果你希望对方具有非凡的协调能力，不妨说："你的协调能力不错，这次的事故处理全权由你负责。"

给他们一顶高帽子，给他们一个好名声，让他们朝着你所期望的方向努力。

一旦他们通过努力取得了成绩，你更是要大力地表扬他们，告诉他们：

"我没看走眼，你的创意给人带来惊喜。"

"现在我放心了，你的领导能力并不比你的研发能力差。"

"你的协调能力比我想象的还好，完全可以独当一面了。"

就这样因为受到鼓励而努力，因为获得成果而受到肯定，更加深了他人的期待，就会形成良性循环。用赞美的方式巧妙地说出你的期待，很多时候都能得到好的效果。

# "包装"给人良好印象

很多年轻人很努力，也很有能力，却往往得不到别人的认可。虽然他们可能擅长与人谈判或者交流，但他们怎么也不明白为什么有时候人们会误以为他们没有能力，或者低估他们的身份，并且很少主动与他们交流。其实这类人大多是输在"包装"上，可能是他们忽视了"包装"的重要性，认为能力可以代替一切。然而事实上却不是这样，人们在第一次看到你时，往往看不到你的能力，而是先看到你的外表，第一眼看到的则是你的穿着。如果你是个不讲究穿着的人，也许会让人误解你没有能力。这也是许多企业家都会有自己的形象顾问的原因，因为他们代表的是企业的形象，不容马虎。而你的穿着也代表着你的身份，同样不容马虎。别以为穿着只是女人该做的事，在与他人交际的时候，无论男女，都应该注重自己的仪表，穿着得体。只有注重礼仪着装，才能给人留下良好的印象。

人在一生中要参加许多种场合，每种场合都有不同的穿衣规则。在与他人交往的过程中，对对方的穿着更是十分敏感的，尤其是在与一个陌生人初次相见的时候，人们常常会以衣着是否得体来决定他是否值得交往，或者来确定他的身份，甚至是从穿着打扮上品评他的才能或人格。所以在与他人交往时，你要注重自己的穿着打扮与环境相得益彰，不仅穿着得体，还要与整体协调，这样才能展示出你的优雅和迷人的风度。

一个人的穿着对成功是很重要的。服饰演变发展到今天，早已变成人们生命中不能缺少的一部分，它能把一个人的优雅、风度、个性、气质在不同场合、不同氛围和不同职业中展现出来。在恰当的时间和地点穿恰当的服装可以提升你受欢迎的程度，给人留下好印象。

刘小姐非常注重着装礼仪，她的穿着就很得体。因为她个子很高，所以从不穿短裙。她每天不是穿宽大的长裤就是及地的长裙，而下装的颜色必定也和上装的颜色搭配一致。有时候她会采用一条长围巾来点缀服饰，以达到颜色过渡的和谐。虽然她穿的不是什么名牌服饰，但看起来却很美。当然，这只是她平时的打扮，如果要出席一些比较正式的场合，比如谈判时，她也会选择合身的套装，这种装扮又不同于她往日的风情万种，套装显然让她看上去干练了许多。休息时间，很多同事都围着她讨论如何穿着打扮的话题。

和她相反的是同事张小姐，她也是个好打扮的人，只是虽然她很"新潮"，什么时髦穿什么，但人们总在私下里议论她要么穿得像街头小混混，是个邋遢的人，要么就是"假洋鬼子"。事实上，张小姐犯的错误就是不分场合地赶潮流，或者说潮流根本不适合她。

注重着装并不是要穿得多么与众不同，奇装异服不是体现你品位的好方法。一个人在穿着上的确应该有独特的品味，却不应该让品味成为"怪味"。穿着大方得体就好，没必要追求前卫，也许前卫并不适合你，更不适合你所在的社交场合。

服装是身份的一种标志，所以，你得时刻注意让穿着符合自己的身份，同时要注意整体的协调，不仅要适合自己，还要适合环境。在现实生活中，通常我们遇到一个人时，判断其身份的条件首先就是服装。如果想更进一步地去了解这个人，就得认真综合其服饰、言行等方面深入到其内在的性格中去进行分析。即使你对自己的内在修养已经很有信心，也不能完全忽视外在的形象和穿着对你的重要性。人们注重外表，往往是因为只能根据对方的外在形象来给其最初印象打分，外在的形象就如一块"敲门砖"，有着所谓的"晕轮效应"，如果你给别人留下的第一印象是好的，那别人就会相应的认为你其他方面也是好的。

一个人服饰的可塑性要比形体大很多。有人穿着简洁大方，有人穿着典雅高贵，从衣服的样式、质地、色彩到装饰，都能很好地体现这个人的气质，并给欣赏的人留下各种形式的美感。所以服饰已经成为人们审美、趣味的中心，它的不同展现的也是一个人性格的不同。要让人对你印象深刻的办法就得先从让人记住你的衣服开始。服饰像你的影子一样寸步不离，它既可以展现你成功的一面，也可能会直接暴露你的缺陷。

着装一定要有自己的个性。一件好衣服穿在别人身上很好，但不一定就适合你穿。所以你的服饰不一定非要是名牌，也不一定非常昂贵，但是一定要适合自己的身材和年龄。在着装方面，你应该既要保持自己的魅力，也要体现出自己的职业特点。应该注意搭配服装的灵活性，用饰品和配件来搭配服饰可以营造气氛，以适合各种不同场合。比如在别人婚礼或寿宴上，本是隆重典雅的场合，如果非要穿得个性，不拘小节，穿着拖鞋就上场给新人或老寿星祝贺，恐怕即使是再好的朋友也会心生芥蒂。

## 抱怨越多机会越少

在工作生活碰到挫折时，那些心态成熟的人往往习惯于独自消化，他不会向其他人透露烦恼，也不会表现出自己焦虑的情绪，因为他清楚这对完成工作毫无帮助。而一些天真的年轻人却热衷于抱怨，习惯私下向朋友或同事表达各种抱怨与烦恼，最后可能全公司的人都知道他经历的挫折。结果当然可想而知，谁会欣赏和提拔一个爱发牢骚的人呢？

一位叫赵琳的研究生毕业后的经历颇能说明这一点。赵琳是比较懒散的那种人，不适合竞争太激烈的工作，所以毕业时当同学们都忙着拼命往外企或热门行业奔的时候，她不慌不忙地和一家私立学校签了协议，做起了老师。刚工作了几个月，赵琳就开始厌恶自己的工作。办公室里都是老同志，空气沉闷而压抑。她不屑于打扫卫生，抱怨都什么年月了单位还在打开水；单位组织去秋游，她觉得没意思就没去；办公室琐碎而无聊的生活让她很失望，她盼望真正地当老师。不久她开始正式给学生上课，没想到这更增添了她的烦恼：大部分学生是在混日子，课堂纪律在他们的影响下变得乌烟瘴气、杂乱无章。一看到讲台下面那一双双玩世不恭、顽劣愚钝的眼睛，赵琳心里就泛起无名怒火。不知不觉中，赵琳成了一个暴躁的、不耐烦的老师，顽皮的学生并不怕她，想学习的学生又不敢接近她，反映到校长那里的评语几乎都是负面的，这一切让赵琳郁闷无比。加上学校原先许诺的高薪并没有兑现，赵琳还要和另外一个年轻老师同住一间宿舍，而住宿条件甚至比她上大学时好不了多少。赵琳对这一切都充满了怨愤情绪，她说得最多的话就是发牢骚。结果几个月之后，她就被辞退了。

　　人在遭遇不公正待遇时，通常会产生种种抱怨情绪，甚至会采取一些消极对抗的行动，这是一种正常的心理反应。但是，如果我们从另外一个角度，用一种豁达大度的心态来对待它，就会将这种不公正当作对成功者的一种考验。容忍和以德报怨是一种成熟的标志。一个将自己的头脑装满了过去时态的人是无法容纳未来的，聪明的做法是停止计较过去，停止对自己所遭遇的不公正待遇耿耿于怀。

　　其实，无论在工作中，还是在生活中，我们经常会遇到许多羁绊和束缚，对于它们，我们毫无办法。殊不知，囚禁我们的不是别人，而是自己，是我们不健康的心态和偏激的态度。当我们的生活不如意，做什么都不顺利的时候，有的人往往抱怨自己没有碰到好的机会，或者没有遇到好的环境。但很少有人会反思自己在个性上有什么问题，或者工作中有什么毛病。因此在抱怨一番之后，情况依然不会有什么改变。

人生在世，谁不渴望出人头地？美国成功哲学演说家金·洛恩说过这么一句话："成功不是追求得来的，而是被改变后的自己主动吸引来的。"我们之所以没有成功，是因为在我们身上存在着许多致命的缺点，如自私、傲慢、急躁、没有明确的人生目标、缺少自信、做事情不脚踏实地等，这些缺点严重制约了我们的发展。只要对自己进行深刻的检讨，采取改进措施，你的精神面貌就会发生巨大变化，会感觉到自己在一步步地迈向成功。

作为一个聪明人，不论在工作中碰到困难或是挫折，都不要私下向朋友或同事表达各种抱怨与烦恼。那样做不但解决不了原有的困难，还会换来团队成员对你的不信任。不要期待别人替你解决烦恼。面对困境，抱怨是无济于事的，只有努力才能改善处境。

# 不可"有事有人，无事无人"

你有没有这样的经历：当你遇到了一种困难，你认为某个人可以帮你解决，你本想马上求他，但你后来想一想，过去有许多时候，本来应该去看他的，结果你却没有去，现在有求于人就去找他，会不会太唐突了？会不会甚至因为太唐突而遭到他的拒绝？

在这种情形之下，你不免有些后悔"平时不烧香"了。

这种"平时不烧香，临时抱佛脚"的做法，虽菩萨能显灵，也不会来帮助你的，因为你平时眼中没有菩萨，有事才去找，菩萨哪会前来做你的利用工具！

所以你请求菩萨，应该在平时烧香。平时烧香，表明你别无所求，不但眼中有菩萨，心中也有菩萨，你的烧香，完全出于敬意，而绝不是买卖，一旦有事，你去求他，他对你有情，自肯帮忙。

但是你要烧香，应该去不大有人注意的冷庙，不要去香火盛的热庙。热庙因为烧香人太多，菩萨注意力分散，你去烧香，也不过是香客之一，显不出你的诚意，引不起菩萨特别注意，也就是说菩萨对你不会产生特别的好感，一旦有事，你去求他，他也以众人相待，不会特别帮忙。冷庙的菩萨就不一样了，平时冷庙门庭冷落，无人礼敬，你却很虔诚地去烧香，菩萨对你，当然特别注意，认为你是他的知己，印象之好，自不待言，你虽同样地烧一炷香，菩萨却认为是天大的人情，一旦有事，你去求他，他自然特别乐意帮忙。即使将来风水转变。冷庙变热庙，菩萨对你，还是会另眼看待，认为你不是势利之辈。菩萨如此，人情未尝不然。

对那些已经退休的老前辈、老上司，要设法与他们多接近并博得他们的赏识。毫无疑问，退休者最难过的是退休后那种门可罗雀的寂寥景象。"热庙"变成了"冷庙"，他们在心理上自然不平衡。这时若有人肯像以前那么尊敬他，他必会为之感动不已。你不妨在平时携带他喜欢的东西做礼物，以虚心的态度向他请教，对于他的经验之谈，要表现出乐意倾听的态度，使他有重回过去美好的时光的感觉。退休者并不就等于没有发言权，有时候甚至还具有预想不到的影响力。对这些"冷庙"菩萨多去烧香可谓有百利而无一害。

另外，为了避免"有事有人，无事无人"的求人做法，你在日常生活中要广织"人际网络"，且不要与人失去联络，不要等到有麻烦时才想到别人，因为"关系"就像一把刀，常常磨一磨才不会生锈，若是半年以上不联系，你就可能已经失去这位朋友了。

因此，主动联系就显得十分重要。试着每天打5到10个电话，不但能扩大自己的交际范围，还能维系旧情谊。如果一天打

10个电话，一个星期最低就有50个，一个月下来，便可到200个，平均一下，你的人际网络每个月都可多十几个"有力人士"为你打通环节。

法国有一本书名叫《小政治家必备》，书中教导那些有心在仕途上有所作为的人，必须起码收集20个将来最有可能做总理的人的资料，并把它背得烂熟，然后有规律地按时去拜访这些人，和他们保持较好的关系。这样，当这些人之中的任何一个当起总理来，自然就容易记起来，大有可能为你提任一个部长的职位了。

这种手法看起来不大高明，但是非常合乎现实。一本政治家的回忆录中提到："一位被重任组阁的人受命伊始，心里很焦虑。因为一个政府的内阁起码有七八名阁员（部长级），如何去物色这么多的人去适合自己？这的确是一件难事，因为被选取的人除了有适当的才能、经验之外，最重要的一点就是要和自己有些交情。"

要和别人有交情，才好求人办事，不然的话，任你有登天的本事，别人怎么会知道呢？

现代人生活忙忙碌碌，没有时间进行过多的应酬，日子一长，许多原本牢靠的关系就会变得松懈，朋友之间逐渐互相淡漠，这是很可惜的。所以，一定要珍惜人与人之间宝贵的缘分，即使再忙，也别忘了沟通感情。

很多人都有忽视"感情投资"的毛病，一旦关系好了，就不再觉得自己有责任去保护它了，特别是在一些细节问题上，例如该通报的信息不通报，该解释的情况不解释，总认为"反正我们关系好，解释不解释无所谓"，结果日积月累，形成难以化解的问题。

可见，要避免"无事无人"的现象，"感情投资"就要经常实施，不可似有似无，从生意场到日常交往以及求人请托，都应该处处留心，善待每一个关系伙伴，从小处细处着眼，事事落在实处。

## 对别人的援助要恰到好处

2006 年 5 月底，一封来自大洋彼岸的感谢信置于西安市市长孙清云先生的案头。

"西安市孙清云市长：

我写这封信表达我的谢意，是因为在 4 月 7 日晚发生的一件事。那天晚上当我们在唐华宾馆附近的公园里散步时，我的太太诺玛不慎摔倒，伤到了自己的膝盖。我扶她到墙边的一盏路灯下检查她的伤势，这时有一位穿着浅色上衣好像是深色裤子的年轻姑娘也蹲在我的旁边，并给我们递上了一片创可贴。我向她道谢，她随之消失在夜色里。她也许没听懂我说了些什么，但她应该清楚我的意思。

我一次次地讲起我们在中国旅行的故事，对于在西安遇到的这位女士，我还上这片创可贴并用一首诗来表示感谢。您也会为西安这位可爱的女士感到骄傲。诺玛的膝盖只是擦破了皮，现在已经好了。

我们向这位西安女士深表感谢！"

要想得到，必先施予。明明是在求人，而给人的感觉却是在施恩；本来了无大功，只是顺水推舟，却两边讨好，大得人情，这是处世的恰到好处。因为人际关系存在着一个"成本"，如果使用的方法和时机得当，则可降低成本，获得人心。比如，捐助、义卖、让利等公益事业活动，表面上资助是非营利甚至是"倒贴"的社会性公益事业，"无私地"奉献出爱心，实际上所起的广告效应，会远远大于同等成本的"硬广告"，并且"硬广告"只是让人知道，而"软广告"却在出名的同时获得人们的好感与支持。

对别人的帮助或者援助，要做到恰到好处，关键是及时，雪中送炭比锦上添花好。

大家都送的时候，有你没你都显示不出你帮助的重要性，而在他危难的时候给予帮助，他就会感激你。经常听到人说："在困难中得到了你的帮助，我将永远不会忘记。"古人说："一饭之恩必报。"为什么要报？没有这一餐饭，饥饿者可能就没命了，一饭之恩就是活命之恩。《水浒传》里宋江为什么得人缘，那么多英雄好汉都尊敬他、服他管？还不是因他善于在别人困难的时候帮助人，以至人们称他为"及时雨宋江"。

为人处世要做到恰到好处：当别人有困难的时候，伸出援助之手；要有与他人同甘共苦，心里装着他人冷暖的情感；富有同情心和怜悯心，做扶危济困的"及时雨"。

做人的互助原理是：你在关键的时刻帮人一把，别人也会在重要时候助你一臂之力。初看起来这似乎是等价交换，然而，不管你是一个什么样的人，都不可能孤单一人打拼天下，尤其是要使自己的人生局面推广开来，更离不开与各种各样的人打交道。要想让别人将来帮助你，你就必须先付出精力去关心别人、感动别人，这样才能赢得别人回报的资本。因此，高明的为人技巧就是救人于危难之时，解人于倒悬之中。

20 世纪 70 年代初，石油危机波及香港。香港的塑胶原料全部依赖进口，香港的进口商趁机垄断价格，将价格炒到厂家难以接受的高位。不少厂家因此被迫停产，濒临倒闭。在这个关乎许多企业命运的时刻，李嘉诚毫不犹豫地站到了风口浪尖上。在他的倡议和牵头下，数百家塑胶厂家入股组建了联合塑胶原料公司。原先单个塑胶厂家无法直接由国外进口塑胶原料，是因为购货量太小，现在由联合塑胶原料公司出面，需求量比进口商还大，因此可以直接交易。所购进的原料，按实价分配给股东厂家。在厂家的联盟面前，进口商的垄断不攻自破。笼罩全港塑胶业两年之久的原料危机一下子结束了。

李嘉诚在救业大行动中，还将长江公司的 13 万磅原料以低于市场一半的价格救援停工待料的会员厂家。另外，在直接购入国外出口商的原料后，他又把长江本身的配额以原价转让给需求量较大的厂家。危难之中得到李嘉诚帮助的厂家达几百家之多。李嘉诚因而被称为香港塑胶业的"救世主"。可见在别人危难时伸手援助，可以为自己建立更深厚的群众基础，赢得更多的朋友。

## 给予援助要让对方乐于接受

有两个女中学生看见一个孤独的盲人邻居很可怜，想为他做点好事。有一天，她们发现盲人将一盆已洗好的衣服放在绳子下，还没来得及晾晒。她们想做"无名英雄"，就悄悄地去晾晒。可是当她们刚晾好衣服的时候，看见盲人走过来了，一个女生脱口而出："瞎子来了。"说罢两个人就要离开，可是盲人已经听到了女生的说话声。他发现自己的衣服不在盆里，第一判断是女孩把它藏了起来，他顿时感觉自己受到了她们的欺负和羞辱，就破口大骂起来。这件事被其他邻居知道了，也以为两个女生欺负了盲人。两个女生的父母听到这件事，就批评自己的孩子。可是两个女生感到很委屈，她们并没有欺负盲人，而是真心援助他。

这两个女生做好事援助人，结果反而搞得双方都不痛快。如果她们掌握了正确的方法，直接对盲人说："我来帮您晾衣服吧。"那么就不会出现这种"帮人惹祸"的事了。

人与人今天合作，明天分手，或者今天与你合作，明天跟他合作，都是正常的，但走到一起与分手前后，恰到好处地处理彼此的关系却是关键。最怕朋友搞成冤家，亲人成为路人。有人说，我让着对方就是了，把东西送给对方就是了，可是仍得不到对方的感激，甚至还因此伤了对方的自尊。"谁稀罕你的东西！"大有被羞辱的感觉。

一个商人在街头看到一个衣衫褴褛的铅笔推销员，心中顿时升起一股怜悯之情。他把一元钱扔进铅笔推销员的怀中，就走开了。

没走几步，商人好像听到了有人在吼什么，他一回头，只见那个卖铅笔的人红着脸冲自己大声说："你为什么无缘无故给一个健康的推销员一元钱？"商人赶忙转过身来，从卖铅笔人的摊位上拿起几支铅笔，他抱歉地解释说："对不起，我忘了取铅笔了，希望你不要介意。"铅笔推销员说："你我都是商人，我卖东西，而且有明码标价。你给我一元钱，为什么就不肯拿铅笔呢？你是不是瞧不起我，认为我是一个需要人同情的小贩？"商人连连说"对不起"，然后离开了。

很快过去了几个月，在一个社交场合，一位穿着整齐的铅笔推销员与商人又见面了，他双手递上名片，并且自我介绍说："您可能已经忘记我了，我虽然不知道您的名字，但我永远忘不了您。是您伤了我的自尊。我一直没有把自己当作乞丐，即使您送给了我一元钱，我仍告诫自己：我是一个商人！"

商人听了，尴尬地笑了笑。

所以援助别人与付出也离不开技巧。在具体的情景下，当你想援助某个人时，你要注意具体方法，你对他人的援助与向朋友付出，对方乐于接受才是最好的援助和有效的付出。

向一个人伸出热情之手、给予无私的援助，的确是重要的，但更为关键的是，我们不能让对方感到伤了自尊。援助一个人，要体现自己的心意是好的，同时要了解对方是不是真的需要援助，否则你的援助就是多余的。

## 找方法，不找借口

促成成功与失败有很多原因，同样是一件事，人们通过不同途径就会促成两种截然不同的结果。简单分析一下成功者与失败者，我们会发现：成功的人敢于面对问题，遇事冷静，并且能在压力面前找到解决的方法，而失败的人无力承担任何问题，遇事慌乱退缩，不能及时解决问题反而是找各种借口甚至抱怨生活。命运掌握在自己手中，成功抑或失败就看你怎样去对待。

十多年前，小李在一家建筑材料公司当业务员，当时公司最大的问题是如何讨账。产品不错，销路也不错，但产品销出去后总是无法及时回款。有一位客户买了公司十万元产品，但总是以各种理由迟迟不肯付款，公司派了 3 批人去讨账但都没拿到货款。当时他刚到公司上班不久，就和一位姓张的同事一起被派去讨账，他们软磨硬泡想尽了办法，最后客户终于同意了给钱，叫他们过两天来拿。

对方给了一张 10 万元的支票，他们高高兴兴地拿着支票去银行取钱，结果却被告知账上只有 99920 元，很明显对方又要要个花招，他们给的是一张无法兑现的支票。第二天就要放春节假了，如果不及时拿到钱不知又要拖延多久。遇到这种情况一般人可能一筹莫展了，但是小李突然灵机一动，拿出 100 元钱，让同去的小张存到对方公司的账户里去，这样一来，账户里就有了 10 万元，他立即将支票兑现了。当他带着这 10 万元回到公司时，董事长对他大加赞赏。之后，他在公司不断发展，5 年之后当上了公司的副总经理，后来又当上了总经理。

这个精彩的讨账故事博得了大家阵阵热烈的掌声，大家都钦佩他凡事主动想办法的精神，而且一致认为，他能有今天的发展与他这种精神密切相关。

与此相反，另外一位员工的表现却大相径庭，那是位刚刚毕业的女大学生，学识不错形象也很好，但有个明显的毛病就是做事不认真，遇到问题总是找借口搪塞，开始大家对她印象还不错，但上班没几天她就开始迟到，办公室领导几次向她提出，她总是找这样那样的借口来解释。一天领导安排她到北大送材料，要跑三个单位，结果仅仅跑了一个地方就回来了，领导问她怎么回事，她解释说："北大好大啊，我都在传达室问了几次，才问到一个地方。"老总生气了："这三个单位都是北大著名的单位，你跑了一个下午怎么会就找到这一个单位呢？"她急着辩解："我真的去找了，不信你去问传达室的人。"老总心里更有气了："我去问传达室干什么，你自己没有找到单位，还叫老总去核实，这是什么话！"其他员工也好心地帮她出主意，"你可以找北京的总机问问三个单位的电话，然后分别联系，问好具体怎么走再去"，"你不是找到其中一个单位了吗，你可以向他们询问其他两家怎么走，你还可以在进去之后问老师和学生"……谁知她一点都不理解同事的苦心，反而气鼓鼓地说："反正我已经尽力了……"就在这一瞬间老总下了辞退她的决心，既然这已经是你尽力之后达到的水平，想必你也不会有更高的水平了，那么只好请你离开公司了。虽然女孩的举动让很多人难以理解，但大家还是认为，像这种遇到问题不是想办法解决而是找借口推诿的人，在职场中并不少见，而他们的命运也显而易见。